Small &
Cute

Small & Cute

Small & Cute

零碼布裝可愛

超可愛小布包×雜貨飾品×布小物

最實用手作提案

Cute.90

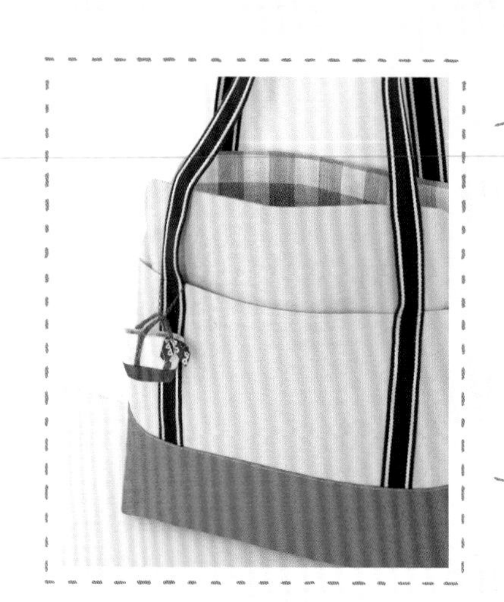

掛在包包上也好可愛！

選用喜愛的布料，來作可愛布小物吧！
本書收錄令人愛不釋手的
各式迷你包包、鞋子、帽子及可實際使用的收納包……
運用剩下來的零碼布製作作品，
除了作為擺飾，
也可以掛在包包上、當作手機吊飾或首飾……
享受到多種樂趣喲！
一起沉浸在可愛的小小手作世界吧！

Contents

Part 1 來玩布料搭配吧！

以花布貼縫數字裝飾的可愛托特包，由於是平面款，初學者也可輕鬆上手喲！

Design◆猪俣友紀　How to make◆P.34

橫式平面提袋

Size◆直4.5cm×橫6cm

蓋上字母印章營造亮點，以格紋平織布重點裝飾的橫式平面提袋。

Design◆猪俣友紀　How to make◆P.35

托特包×4

Size◆直4cm×橫4cm

內側也使用了可愛的布料！

以一種紙型即可完成四款不同風格的托特包！
不論是使用三色旗織帶、奧地利風織帶，或將布料模仿絲巾的模樣綁在上面裝飾，
挑戰各種風格變化吧！

Design ◆ 中山佳苗　How to make ◆ P.38

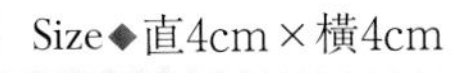

Size◆直4cm×橫4cm

海軍風提袋

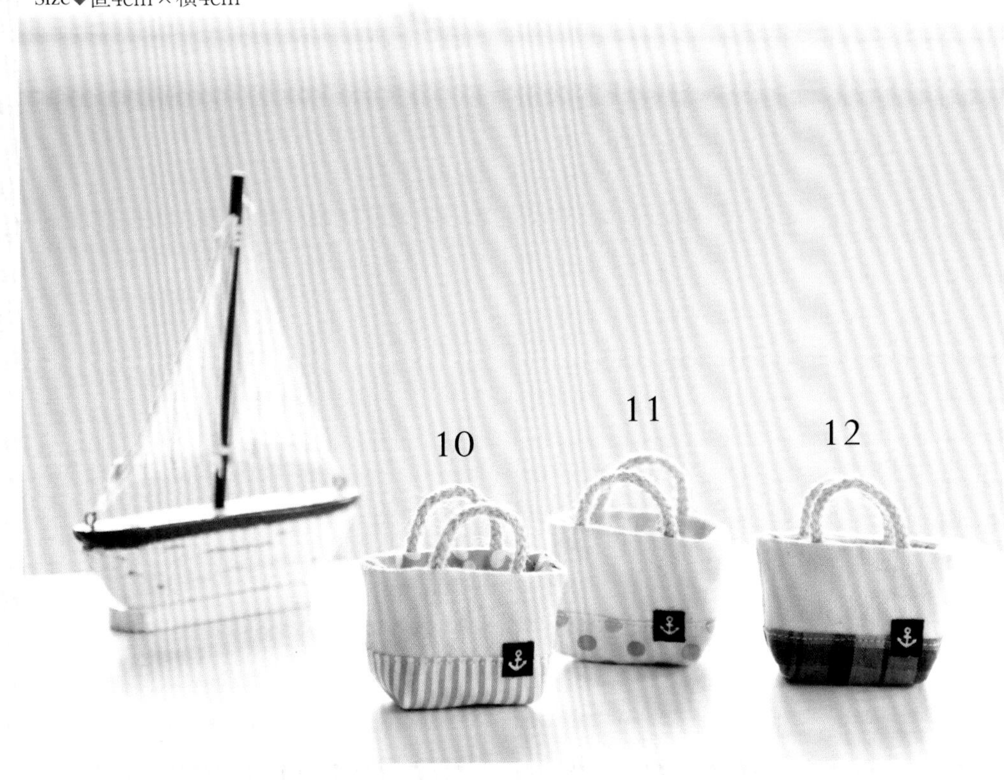

以點點圖案或清爽的直條紋藍色系布料製作的涼夏感包包。
不論是如同10至12般，貼上船錨圖案的布塊或像13一樣搭配皮革及小飾品，都能立即營造出夏天的涼爽氣氛喔！

Design ◆ 中山佳苗　How to make ◆ 10至12…P.39　13…P.42

Size◆直3.5cm×橫5.5cm

仿藤製提把提袋

以LIBERTY花布製作出明亮配色的提袋吧！
提把部分是以紙藤纏繞在鐵絲上製作，即使SIZE迷你也非常有型！

Design ◆ 中山佳苗　How to make ◆ P.8

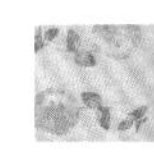

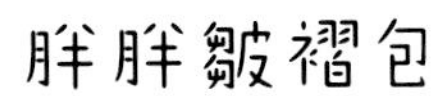

胖胖皺褶包

圓鼓鼓的袋身形狀十分討喜，
開口處可依照個人喜好以蕾絲或珍珠搭配喔！

Design ◆ 中山佳苗　How to make ◆ P.9

Size◆直2.8cm×橫5cm

P.6 14至17 仿藤製提把提袋

◆原寸紙型請見P.41

◆14・15・17（1個的用量）

表布（LIBERTY花布）…8cm×8cm
配布（素色棉布・14、17＝綠色、15＝紅色）…8cm×3cm
裡布（直條紋棉布）…8cm×8cm
鐵絲（粗0.2至0.3cm）…7cm×2條
紙藤（14、17＝米色、15＝粉紅色）…50cm×2條
包包墜鍊…1條（僅14需要）
25號繡線（14、15＝粉紅色、17＝黃色）
雙面膠
紙膠帶

◆16

表布（素色亞麻布・米色）…8cm×8cm
配布（印花棉布）…8cm×3cm
裡布（直條紋棉布）…8cm×8cm
鐵絲（粗0.2至0.3cm）…7cm×2條
紙藤（米色）…50cm×2條
花形蕾絲（1cm）…1個
珍珠（0.3cm）…1個
葉片（1cm×0.6cm）…1個
25號繡線（紫色）
雙面膠
紙膠帶

作法 ※單位＝cm

1 製作提把

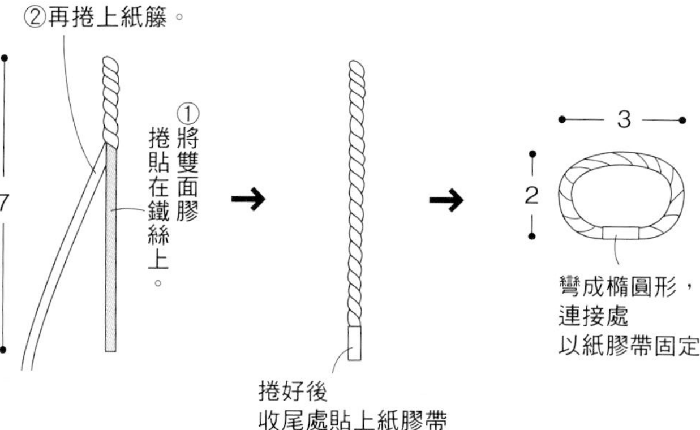

2 縫合脇邊線

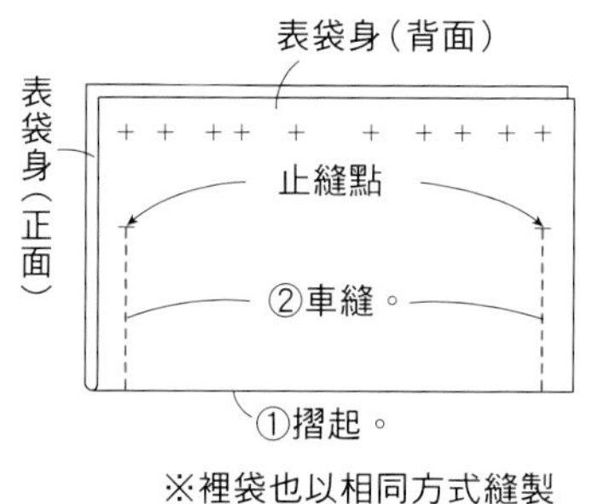

※裡袋也以相同方式縫製

3 結合表袋身與裡袋，並縫合開口

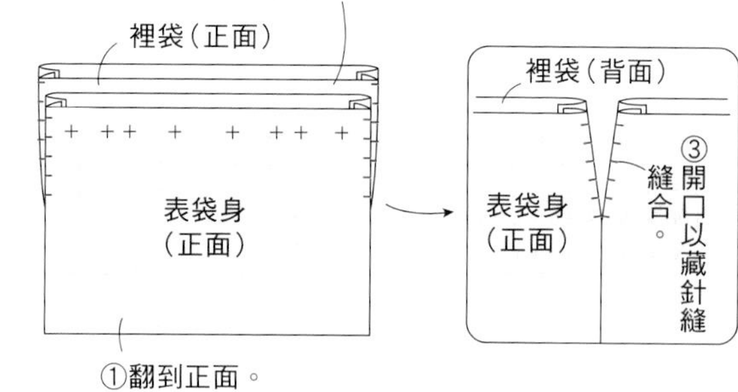

4 抓褶

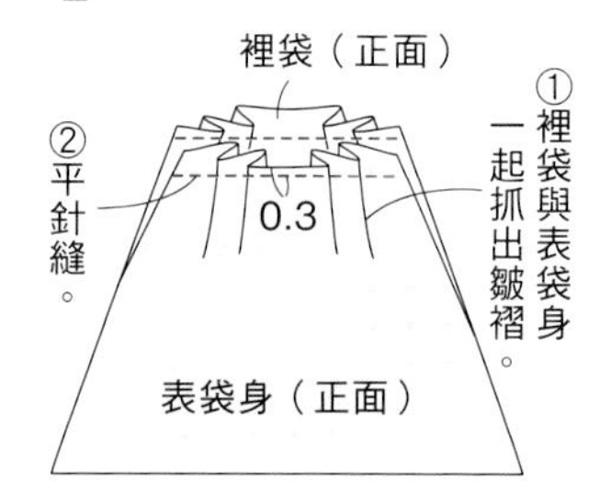

5 製作口布

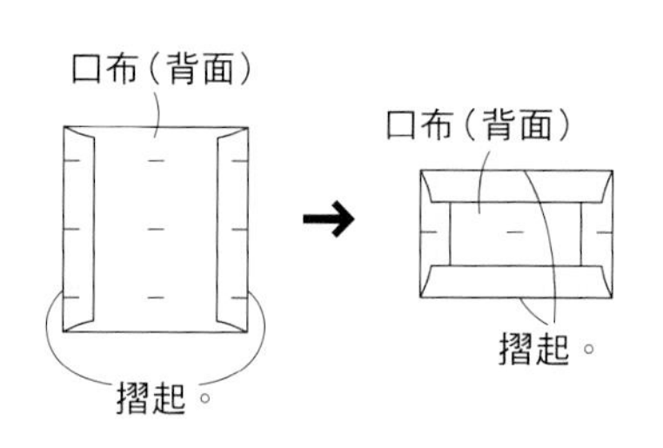

完成

No.16

4.5

在花形蕾絲
縫上珍珠

縫上葉片

6.5

6 縫上口布

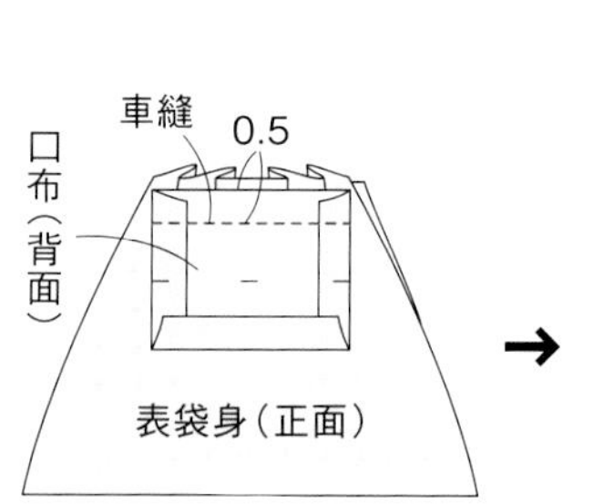

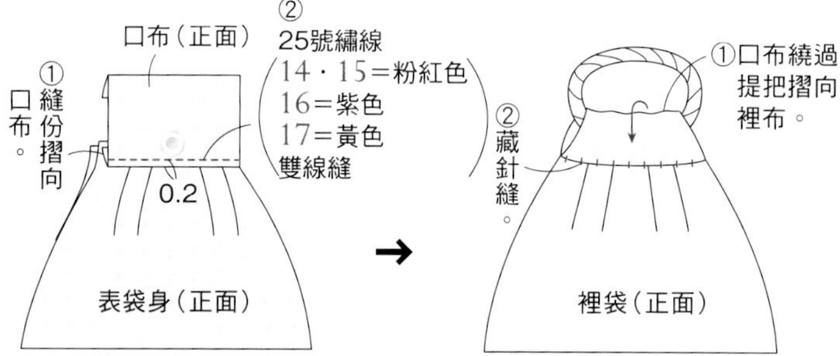

No.14・15・17

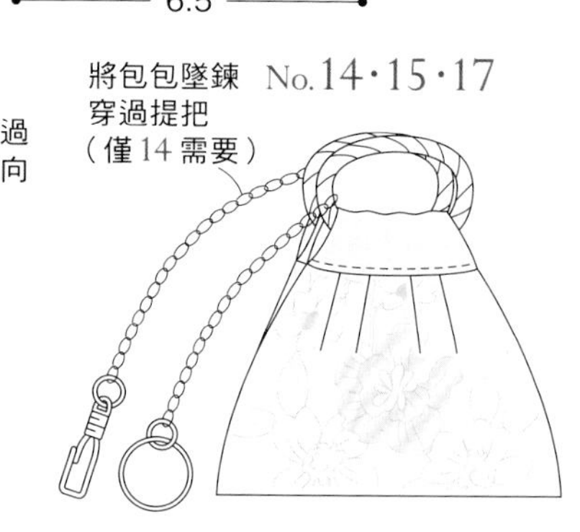

P.7 18至22 胖胖皺褶包

◆原寸紙型請見P.37

◆18
表布（點點棉布）…8cm×8cm
裡布（花朵棉布）…8cm×8cm
皮繩（寬0.5cm）…5cm×2條
珍珠（0.4cm）…16個

◆19
表布（印花棉布）…8cm×8cm
裡布（印花棉布）…8cm×8cm
皮繩A（寬0.5cm）…5cm×2條
皮繩B（粗0.1cm）…6cm
蕾絲A（寬0.6cm）…10cm
蕾絲B（寬0.6cm）…4cm
圓環（0.4cm）…1個
吊飾（小鳥）…1個

◆20
表布（點點棉布）…8cm×8cm
裡布（素色棉布・深粉紅）…8cm×8cm
皮繩（寬0.5cm）…5cm×2條
蕾絲A（寬0.6cm）…10cm
蕾絲B（寬0.8cm）…8cm
圓環（0.4cm）…1個
附問號鉤手機吊繩…1個

◆21
表布（直條紋棉布）…8cm×8cm
裡布（印花棉布）…8cm×8cm
織帶（寬0.5cm）…5cm×2條
蕾絲（寬0.8cm）…10cm

◆22
表布（點點棉布）…8cm×8cm
裡布（直條紋棉布）…8cm×8cm
皮繩（寬0.5cm）…5cm×2條
蕾絲（寬0.8cm）…10cm
花形蕾絲（0.8cm）…1個
手工藝用接著劑

作法　※單位＝cm

1 製作袋身

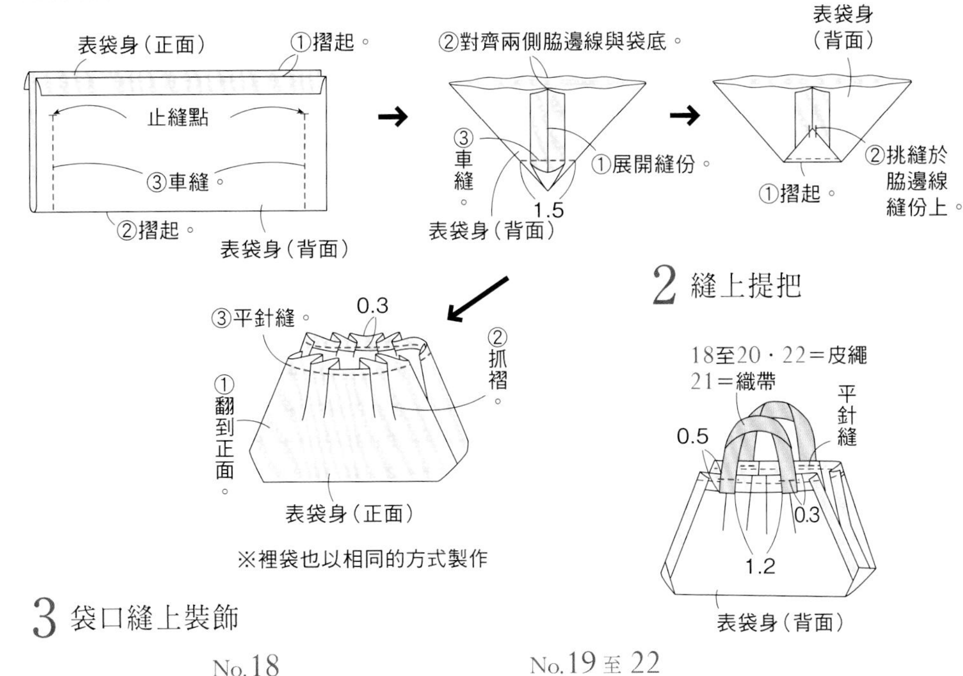

2 縫上提把

3 袋口縫上裝飾

No.18

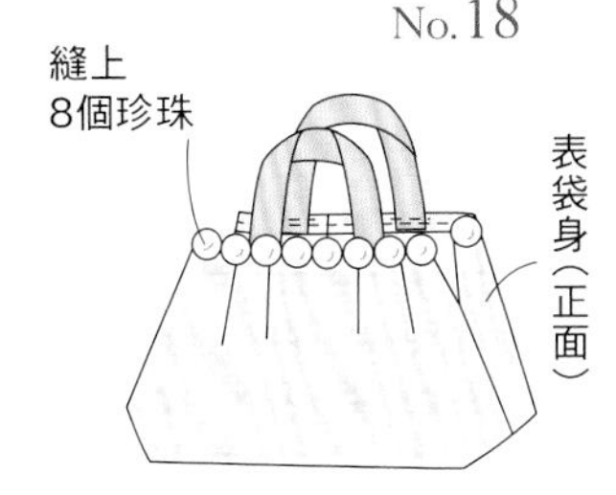

No.19至22

蕾絲（19・20以挑縫縫上蕾絲A）
摺入蕾絲兩頭內側
表袋身（正面）

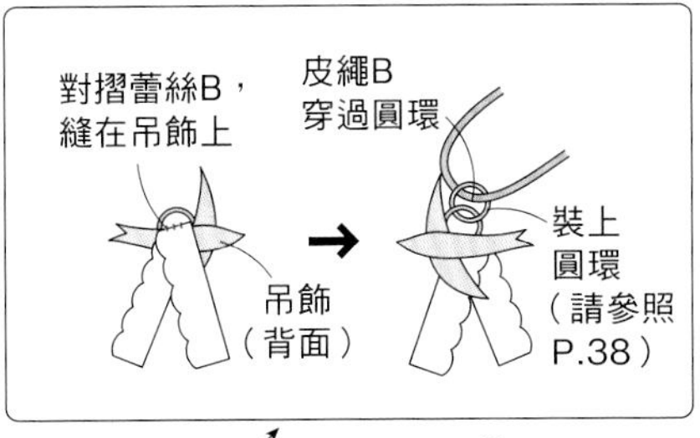

4 結合裡袋身與表袋身，縫合開口與袋口

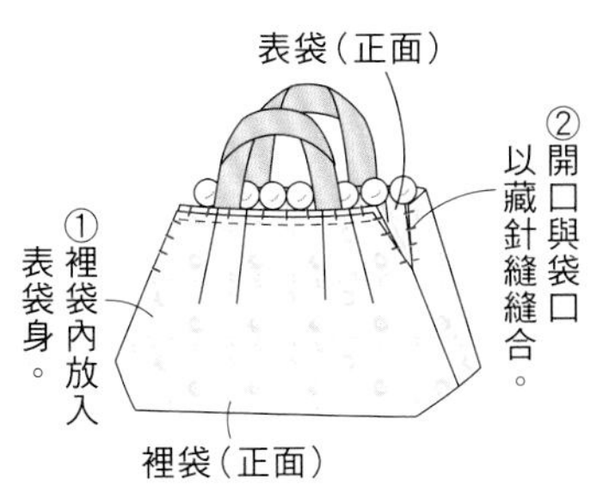

完成

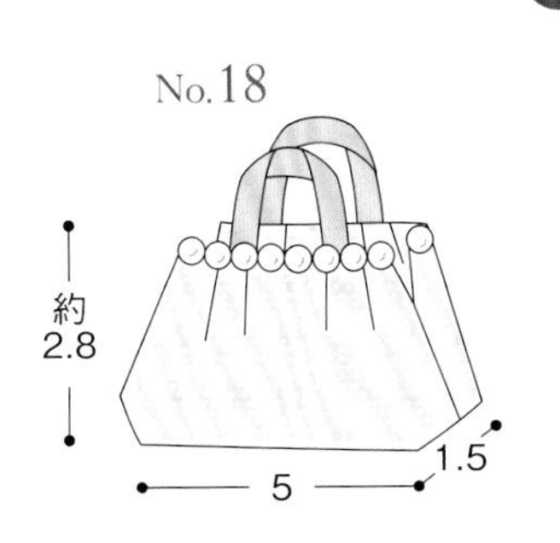

No.19
皮繩A
蕾絲A
將皮繩B打結

No.20
掛上附問號鉤手機吊繩
裝上圓環
蕾絲A
將蕾絲B打結並縫上

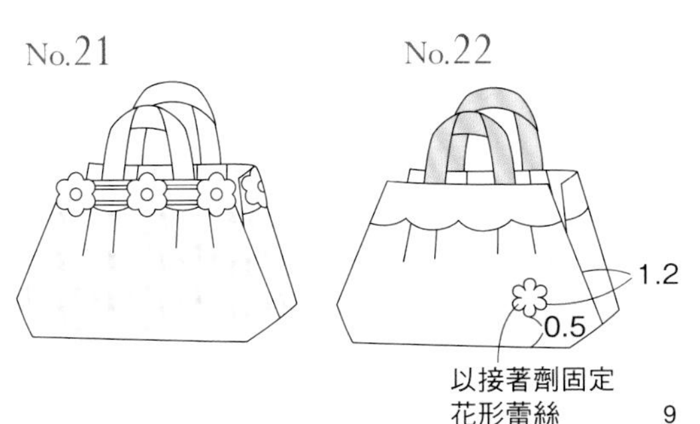

祖母包

Size◆直5cm×約橫7cm

將超人氣的祖母包也作成迷你尺寸吧！以與實體包一樣的布料製作也超可愛！

Design◆猪俣友紀　How to make◆P.40

時尚購物籃

Size◆ 直3.5cm× 橫5.5cm

素色亞麻布搭配蕾絲或小花即可完成的高雅購物籃，
因為用色簡單，當作飾品也非常百搭喔！

Design ◆ 中山佳苗　How to make ◆ P.42

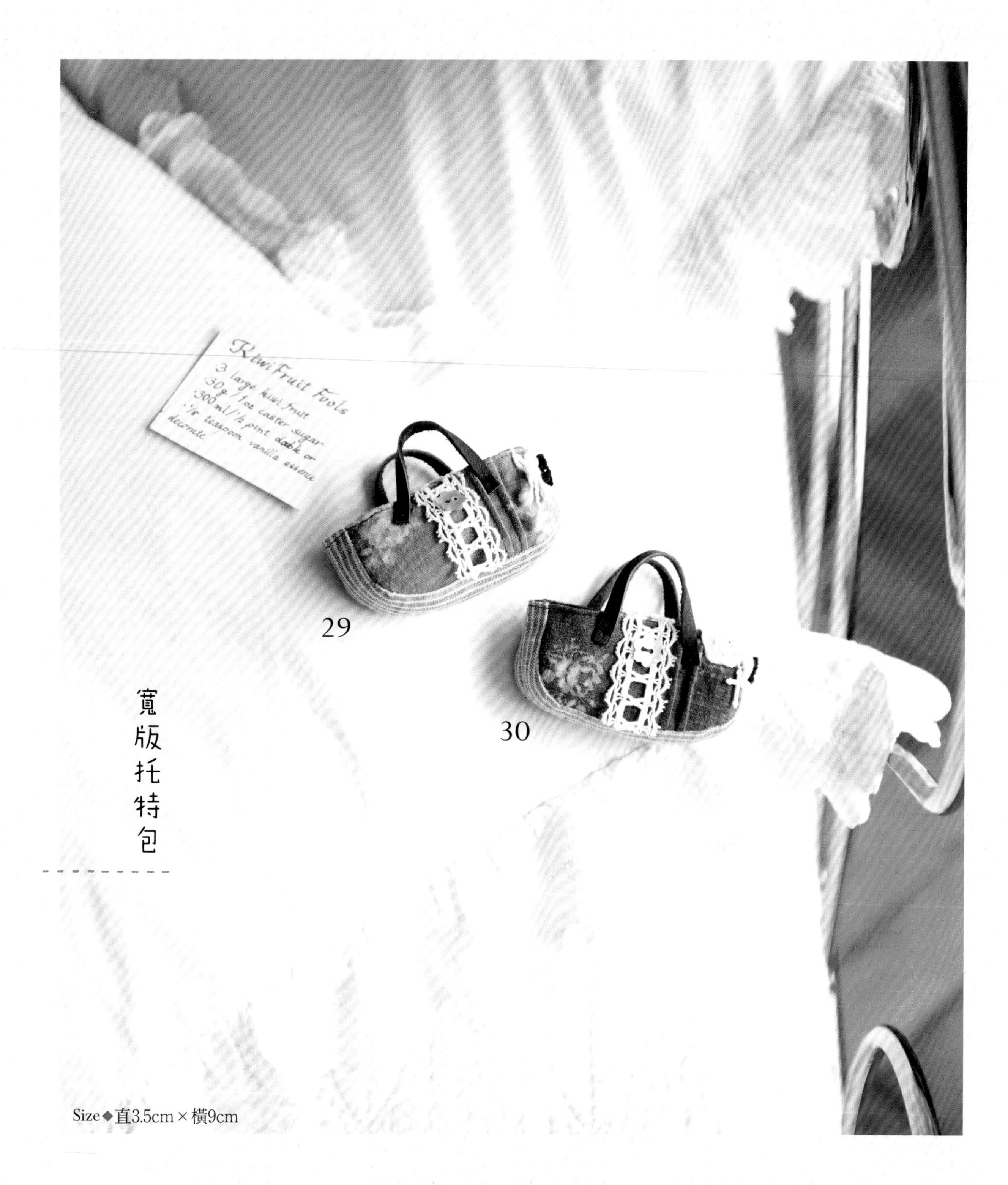

寬版托特包

Size◆直3.5cm×横9cm

以美麗的綠色與紫色布料製作，
融入壓褶設計的寬版托特包。

Design◆豬俣友紀　How to make◆P.43

圓底托特包

Size◆直4cm×橫4.5cm

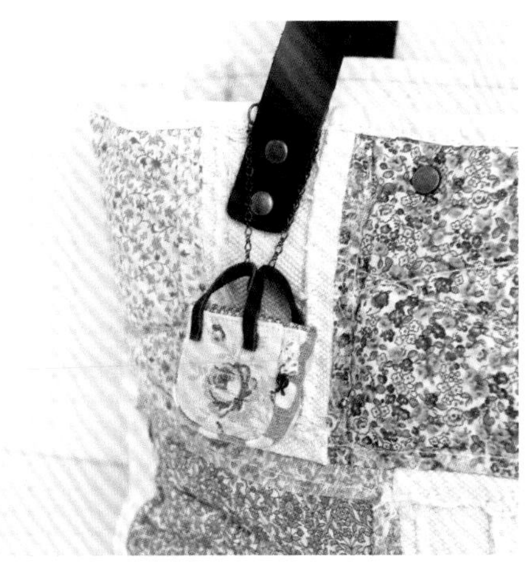

掛在手作包上，就像親子一般十分可愛！

將底部設計成圓形曲線的托特包，
以各種布料作了好多個喲！
隨心所欲地搭配蕾絲花片或小飾品吧！

Design ◆ 猪俣友紀　How to make ◆ P.44

拉鍊波士頓包

Size◆直4cm×橫7cm

裡面可以放入糖果或耳環等容易弄丟的小飾品。

宛如縮小版旅行袋的波士頓包，
以10cm拉鍊製作剛剛好！

Design ◆ minekko　How to make ◆ P.48

半圓形波士頓包

圓滾滾的可愛波士頓包，
製作時可享受兩款布料搭配的樂趣。

Design ◆ minekko How to make ◆ P.45

Size ◆ 直4.7cm × 橫6.7cm

掀蓋式手提包

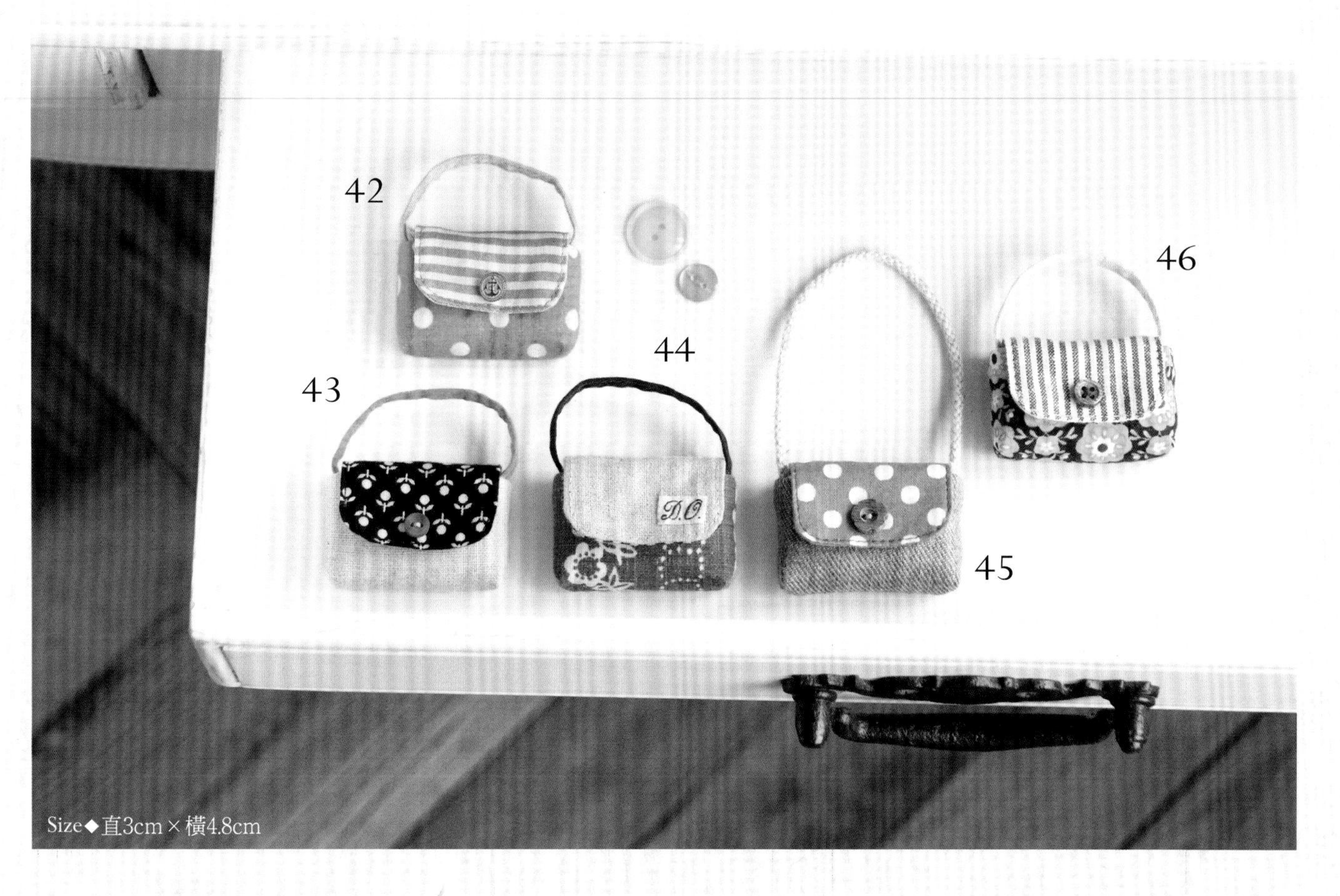

Size◆直3cm×橫4.8cm

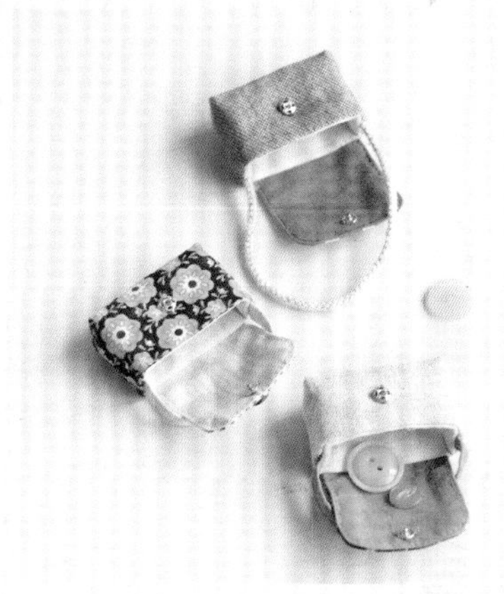

以暗釦固定上蓋。

可蓋上的手提包款式，
以大膽色彩呈現普普風樣貌，
若將提把與45一樣作得較長，就變身成肩背包囉！

Design◆nikomaki*　How to make◆P.56

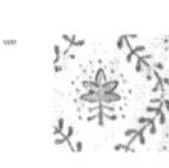

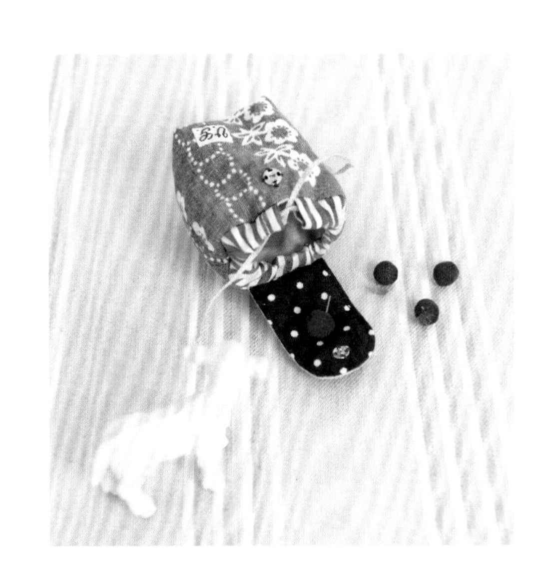

小小後背包

鼓鼓造型的可愛後背包，
雖然SIZE迷你，拉開內側的繩子，
裡面還可以裝東西呢！

Design ◆ nikomaki* How to make ◆ P.50

Size◆直6cm×橫4cm

Part 2 挑戰各式包款！

半圓形手提箱

Size◆直3cm×橫3.7cm

以美式棉布作出色彩繽紛的迷你手提箱，
利用厚紙板與白膠，不用針線也可以輕鬆完成。

Design ◆ Happy Mini（西口聖子） How to make ◆ P.52

內側附有口袋。

長方形手提箱

具有柔和配色的四角形提箱，
掛上小鎖頭，就像是真的行李箱一樣！
當作擺飾也十分可愛！

Design ◆ Happy Mini(西口聖子) How to make ◆ P.53

Size◆ 直3.5cm× 橫4.5cm

迷你帽

外側以簡單的素色配色，內側則選用印花布的可愛設計，
浪漫優雅的小帽子，依照喜好裝飾上花朵或緞帶吧！

Design ◆ minekko　How to make ◆ P.22

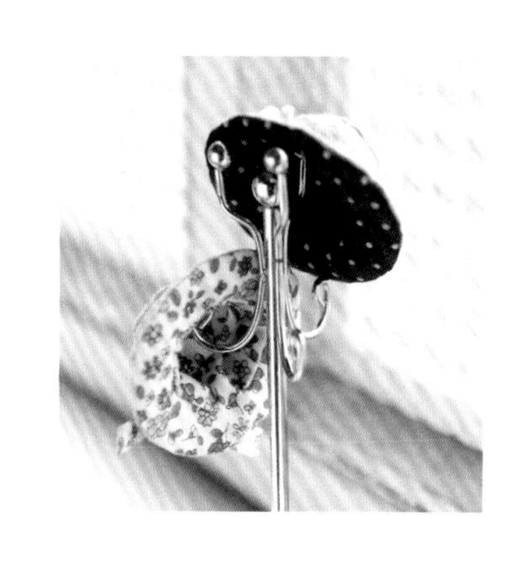

Size◆橫5.5cm×高2cm

59

60

迷你報童帽

帽頂不易縫合的報童帽，若是製作成小SIZE，
只需抽褶就可以輕易完成喲！縫上鈕釦裝飾吧！

Design ◆ minekko　How to make ◆ P.23

Size◆橫3.5cm×高2.5cm

P.20 59・60 迷你帽

◆59

表布（素色亞麻布・淺紅色）…12cm×10cm

裡布（點點棉布）…12cm×10cm

花形蕾絲（1cm）…3個

珍珠（0.4cm）…3個

手工藝用接著劑

◆60

表布（素色亞麻布・米色）…12cm×10cm

裡布（花朵棉布）…26cm×13cm

作法 ※單位＝cm

1 縫合帽頂及帽身

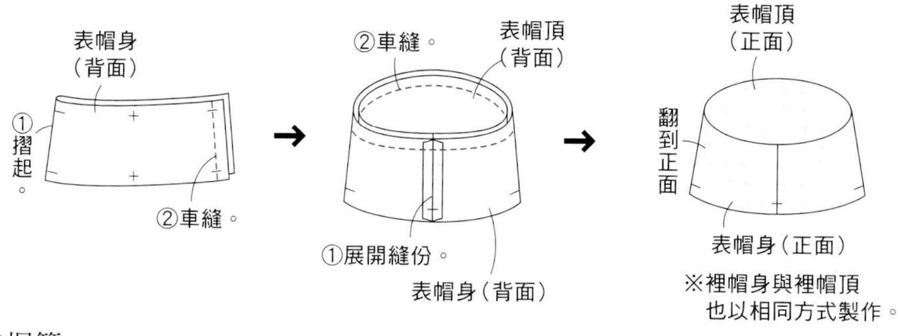

2 製作帽簷

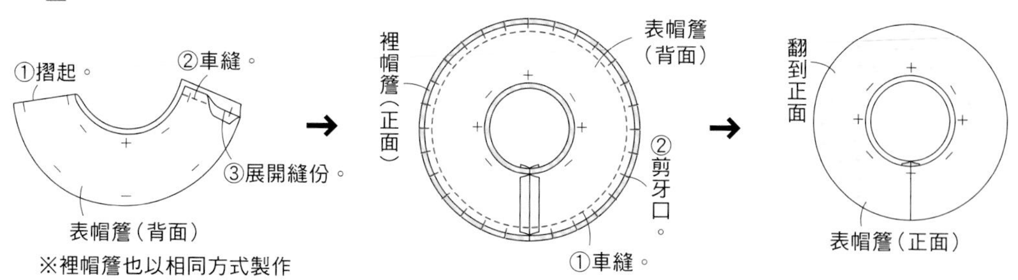

3 接合帽簷及帽身

4 製作緞帶（僅60需要）

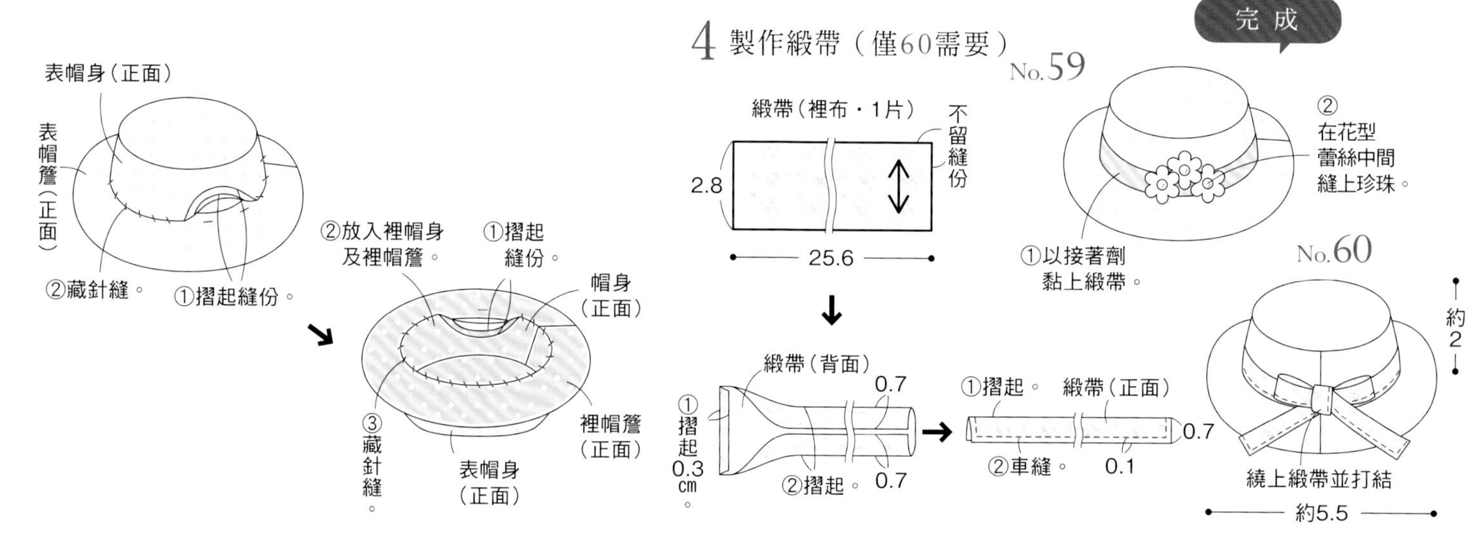

原寸紙型

※除了指定處之外，裁剪時皆需多加○內數字的縫份

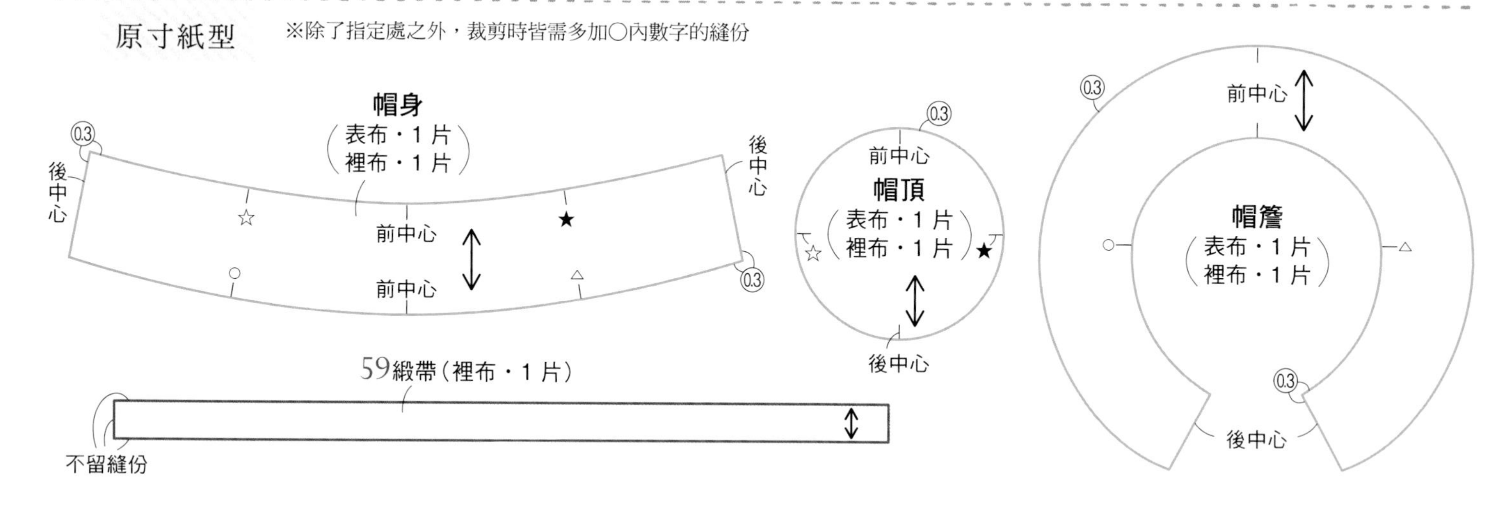

P.21 # 61至64 迷你報童帽

◆61・62・64（1個的用量）

表布（61＝花朵棉布、62・64＝格紋平織棉布）…11cm×8cm

配布（61＝點點棉布、62＝花朵亞麻布、64＝素色棉布・咖啡色）…11cm×3cm

鈕釦（0.7cm）…1個

◆63

表布（格紋棉布）…8cm×8cm

配布（點點棉布）…11cm×7cm

鈕釦（0.7cm）…1個

作法

※單位＝cm

1 製作帽頂

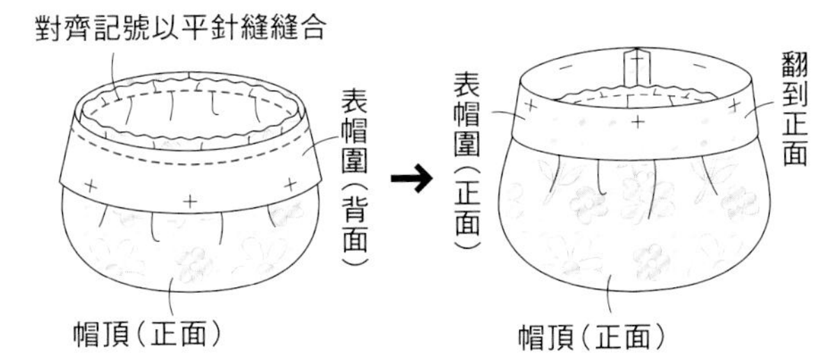

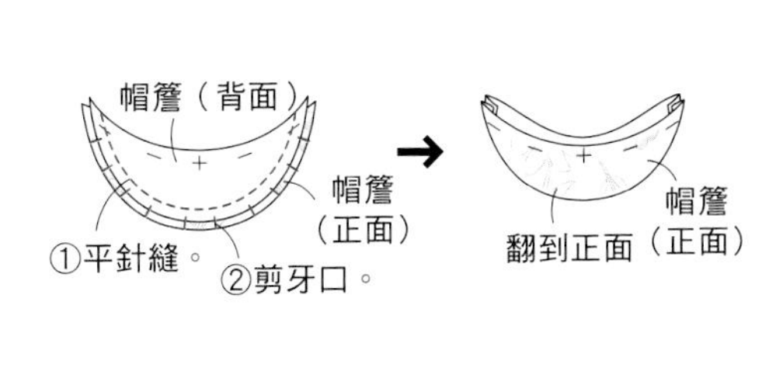

2 製作帽圍

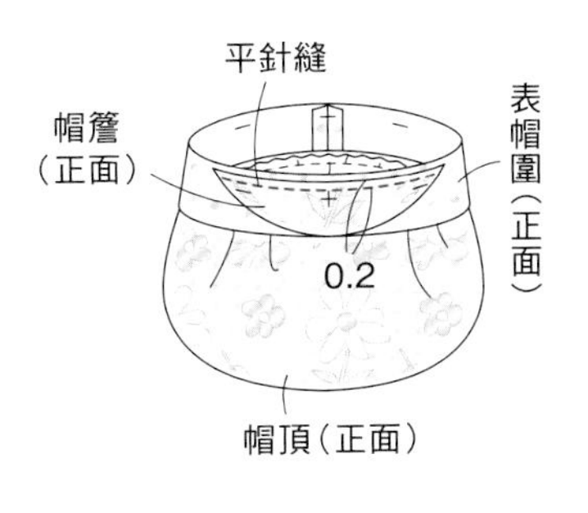

※裡帽圍也以相同方式製作

3 縫合表帽圍及帽頂

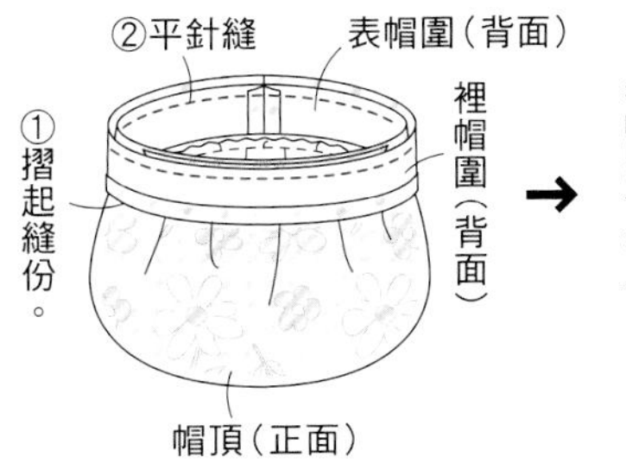

4 製作帽簷

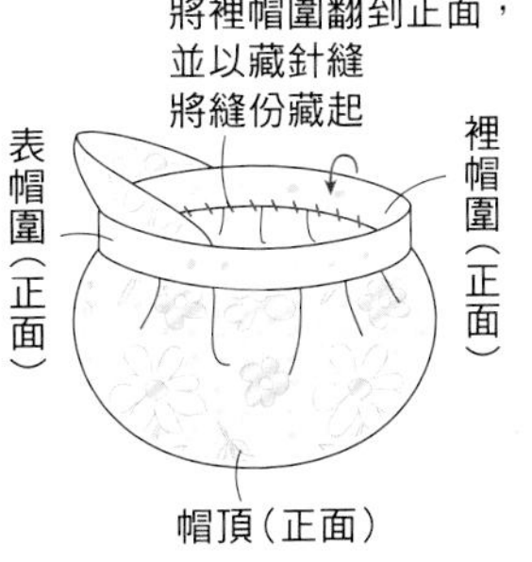

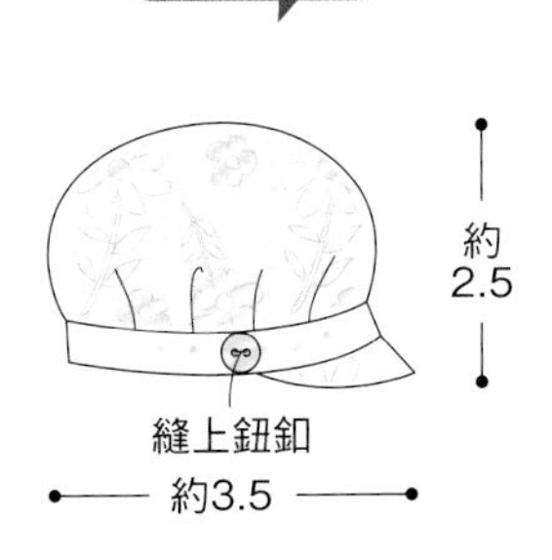

5 縫上帽簷

6 縫上裡帽圍

完成

原寸紙型

※除了指定處之外，裁剪時皆需多加○內數字的縫份

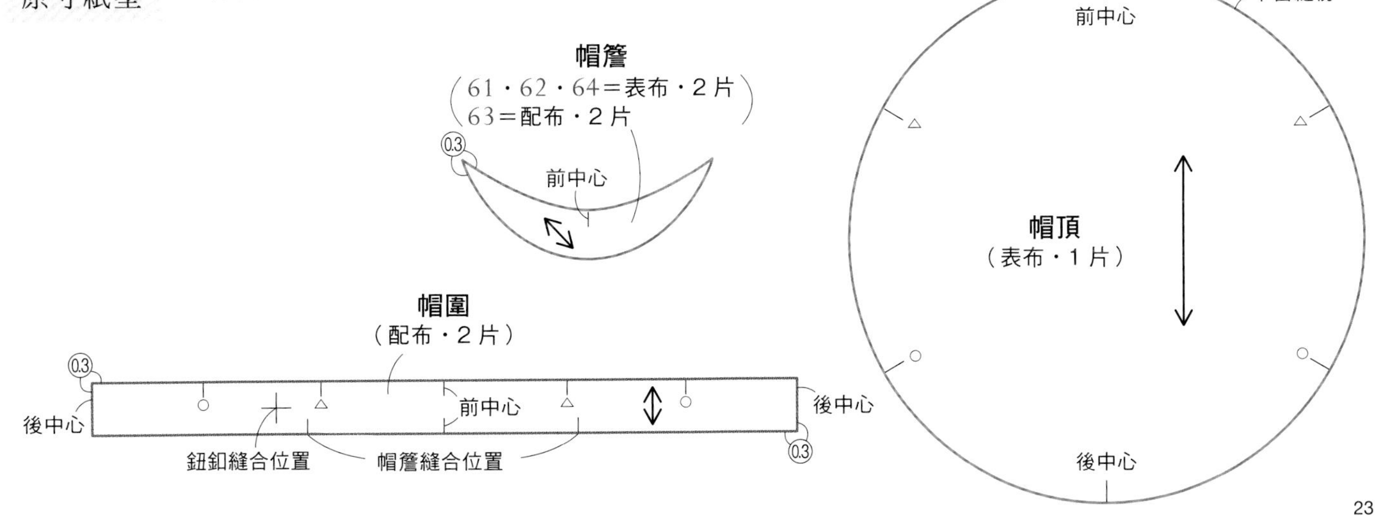

只有手掌大小的小小鞋型收納包，是剛好可放入護唇膏的尺寸喔！
掛在包包上，立刻變身可愛吊飾！

Design ◆ minekko How to make ◆ P.57

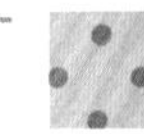

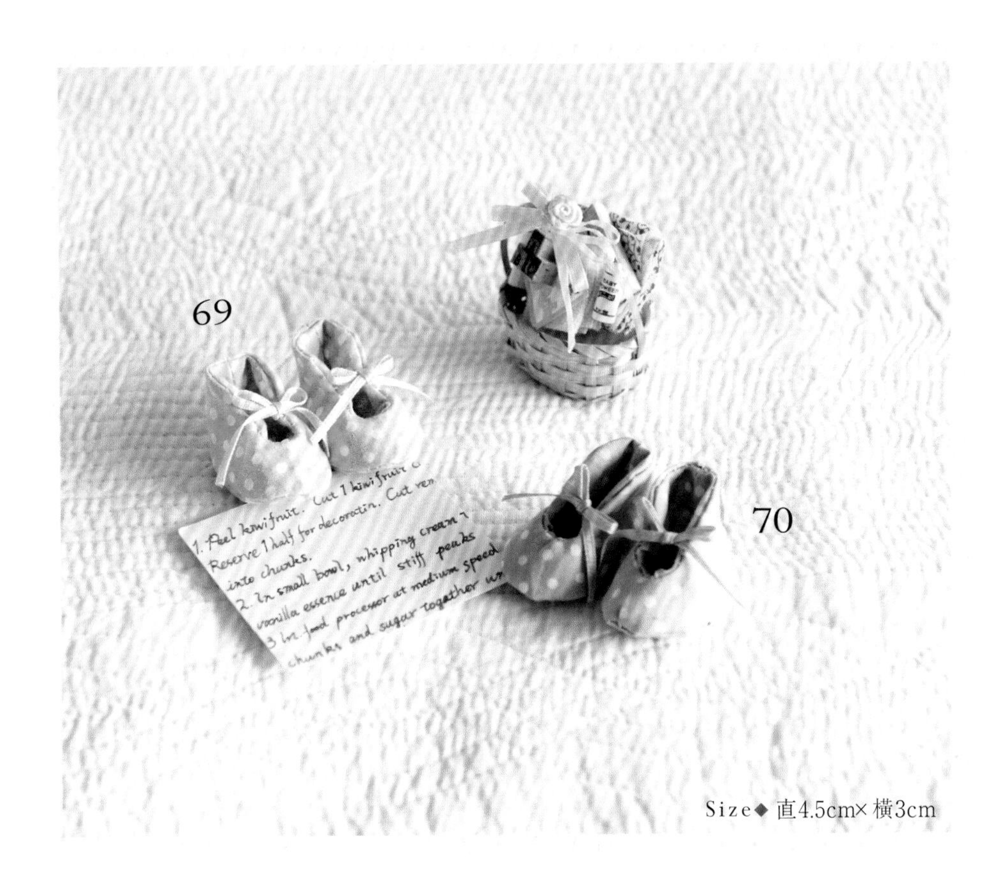

Size◆ 直4.5cm× 橫3cm

迷你娃娃鞋

69・70是綁緞帶的款式，
71・72則是瑪麗珍鞋，
作為擺飾就很可愛了，
也非常適合作成胸針或項鍊呢！

Design ◆ 高城祐子
How to make ◆ 69・70…P.58
71・72…P.59

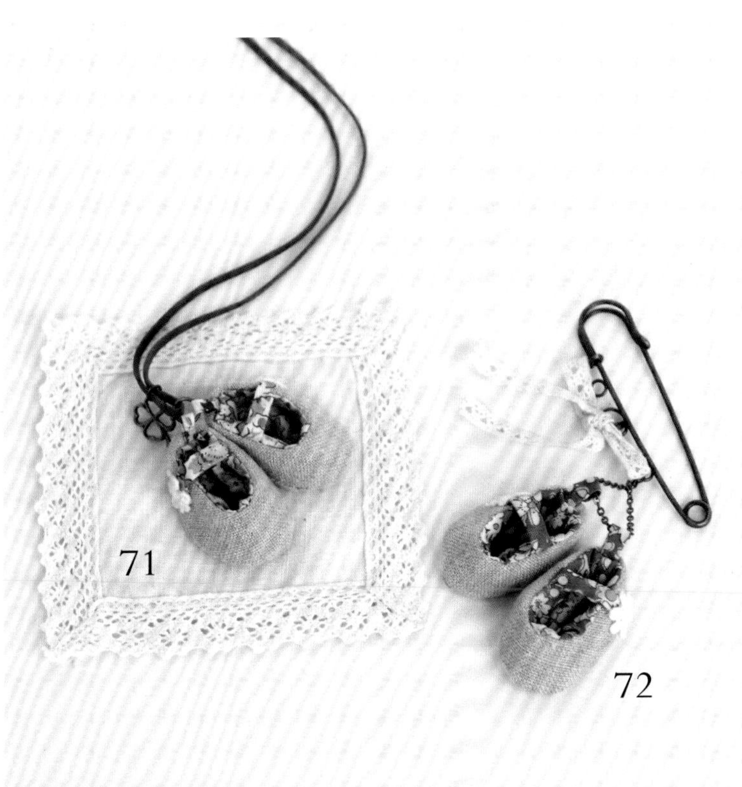

Size◆ 直4.5cm× 橫3cm

相機型收納包

以15cm的拉鍊製作
擁有超人氣的相機型收納包吧！
是剛好可放入數位相機的尺寸，
也可實際作為相機包使用喔！

Design ◆ minekko　How to make ◆ P.60

Size◆直7cm×橫10cm

袖珍布書

76

Size◆ 直4cm× 橫3.5cm

縫入小布片作的內頁即完成的迷你小書，
在封面或書背搭配喜愛的橫條紋或格子布料吧！

Design ◆ minekko How to make ◆ P.62

Bonne Maman風迷你收納籃

Size◆ 直3cm× 橫3cm

模仿果醬罐作成的小籃子，只要縫合底部及側邊即可簡單完成。

Design ◆ 中山佳苗　How to make ◆ P.63

小桶子 81

附有提把的小小桶子，
貼上蓋有印章的皮革當作標籤，
以印花布包邊，成為時髦的視覺焦點！

Design ◆ 中山佳苗　How to make ◆ P.63

Size◆ 直3cm× 橫3cm

迷你口金包

Size◆直4.5cm×橫4cm

可以放入硬幣的迷你口金包，
作成鑰匙圈，實用又便利！
以防水布即可作出漂亮的成品。

Design ◆ ciel* How to make ◆ P.32

迷你束口袋

圓鼓鼓、形狀可愛的迷你束口袋，
製作時選擇花俏一點的布，呈現可愛風格的作品。

Design ◆ nikomaki* How to make ◆ P.33

Size◆直6.3cm×橫7cm

P.30 82至85 迷你口金包

◆82至85（1個的用量）
表布（LIBERTY防水花布）…6cm×9cm
裡布（棉麻防水布）…6cm×9cm
L夾…1個
口金（4cm×3.5cm）…1個
鑰匙圈…1個
手工藝用接著劑

作法

※單位＝cm

1 製作袋身

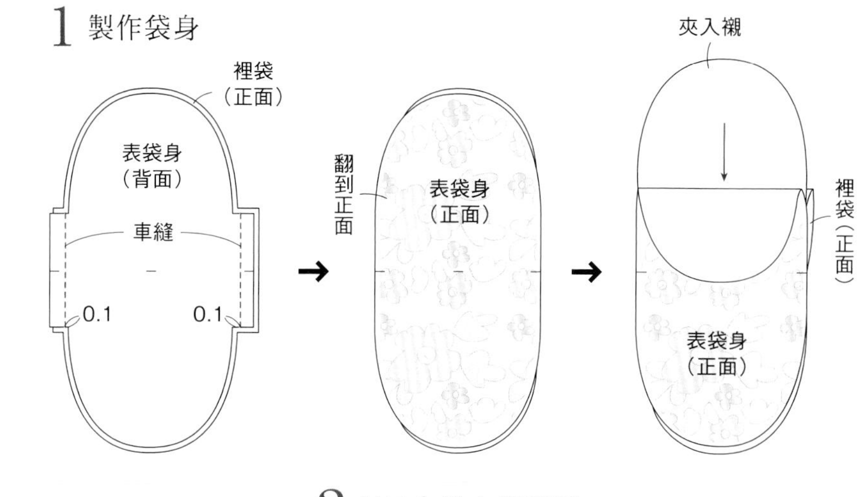

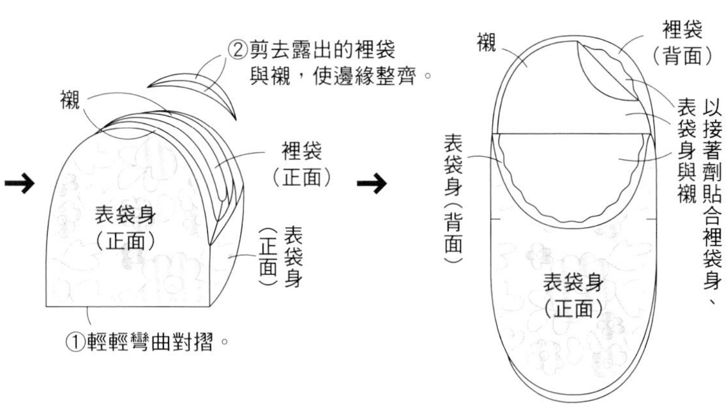

2 在口金塗上接著劑

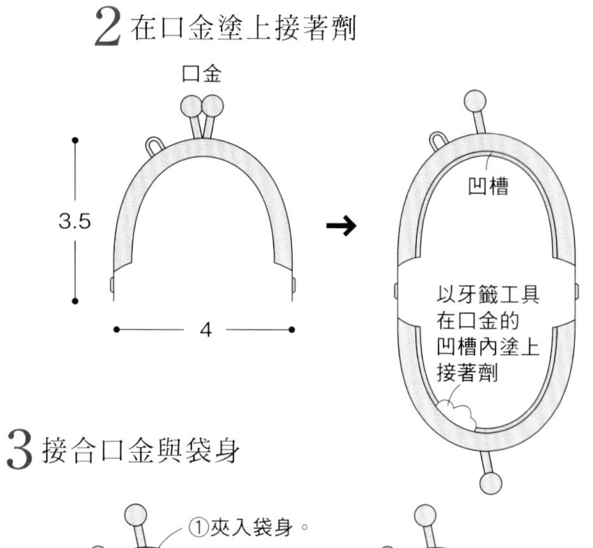

3 接合口金與袋身

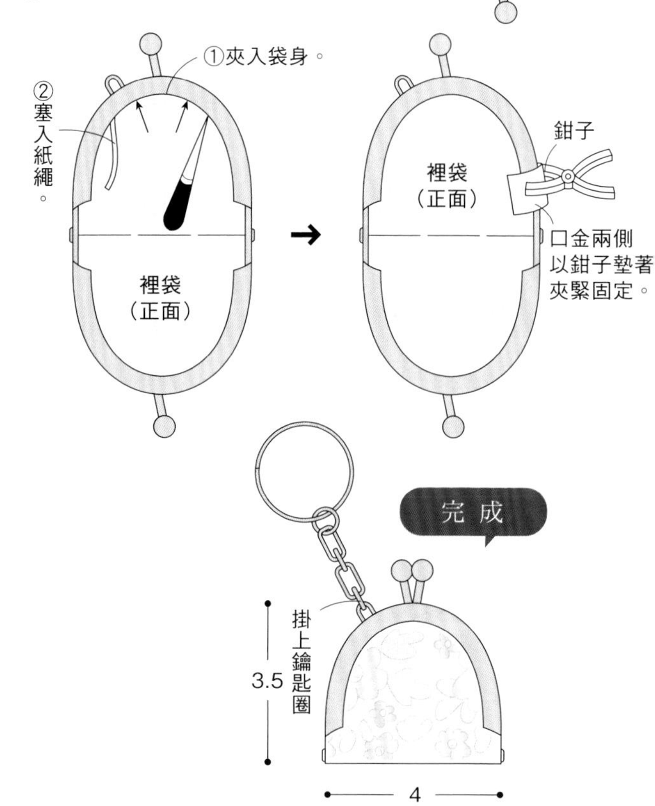

原寸紙型

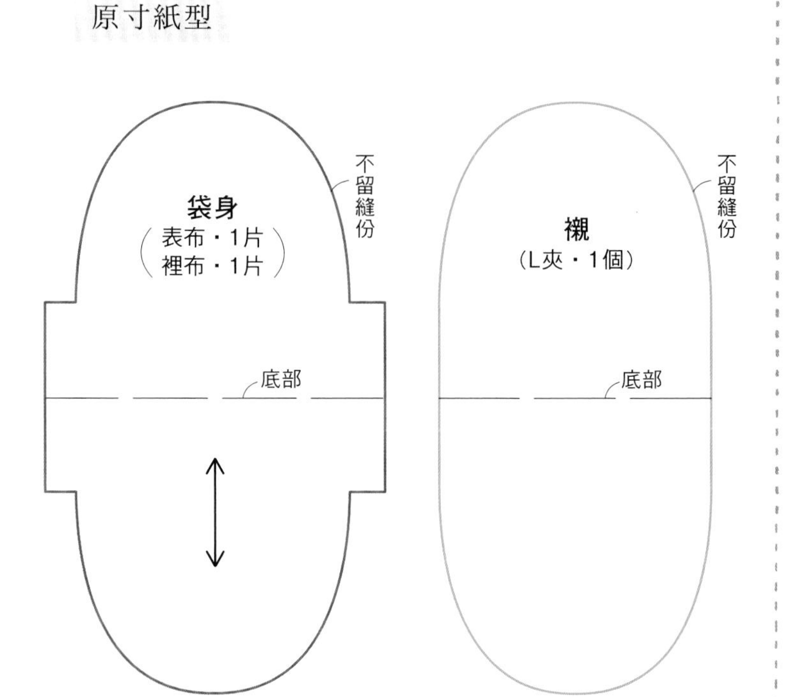

P.31

86至90 迷你束口袋

◆原寸紙型請見P.37

◆86
- a布（直條紋棉布）…18cm×7cm
- b布（素色亞麻布・原色）…18cm×7cm
- c布（點點棉布）…11cm×5cm
- 繩子（粗0.2cm）…18cm×2條
- 緞帶（0.3cm・水藍色）…5cm

◆87
- a布（花朵棉布）…18cm×7cm
- b布（素色亞麻布・原色）…18cm×7cm
- c布（點點棉布）…11cm×5cm
- 繩子（寬0.2cm）…18cm×2條

◆88
- a布（花朵棉布）…18cm×5cm
- b布（素色亞麻布・原色）…18cm×7cm
- c布（素色棉布・粉色）…11cm×5cm
- d布（直條紋棉布）…18cm×4cm
- 繩子（粗0.1cm）…18cm×2條

◆89
- a布（點點棉布）…18cm×7cm
- b布（素色亞麻布・原色）…18cm×7cm
- c布（直條紋棉布）…11cm×5cm
- 繩子（粗0.2cm）…18cm×2條

◆90
- a布（厚棉布）…18cm×7cm
- b布（素色亞麻布・原色）…18cm×7cm
- c布（素色亞麻布・米色）…11cm×5cm
- 繩子（寬0.3cm）…18cm×2條

86・87・89・90

※單位＝cm

1 製作口布

2 製作表袋身

3 製作裡袋

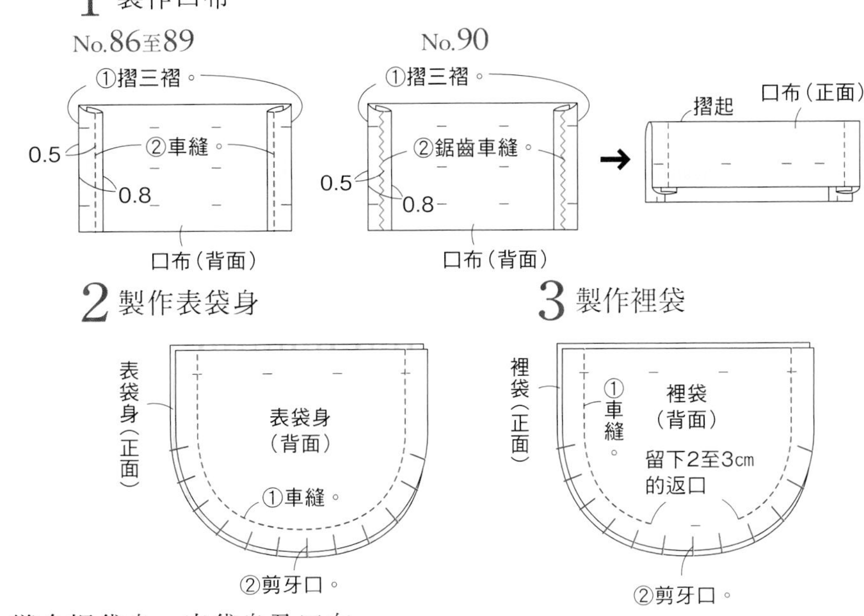

4 縫合裡袋身、表袋身及口布

②翻到正面。

裡袋（正面）

返口

裡袋（背面）

口布（正面）

表袋身（背面）

車縫

口布（正面）

①翻到正面。

裡袋（正面）

②返口以挑縫收尾。

④在2片口布間放入裡布。

口布（正面）

表袋身（背面）

①展開縫份。

③對齊表袋身及口布。

完成

No.86

繩子穿過的方式

打結

穿過繩子

緞帶打蝴蝶結，並縫上（僅86需要）

6.3

1

0.5

1

7

88

1 縫合2片表袋身

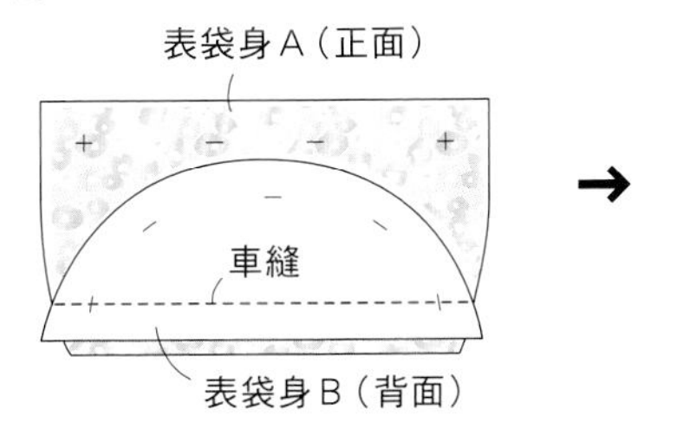

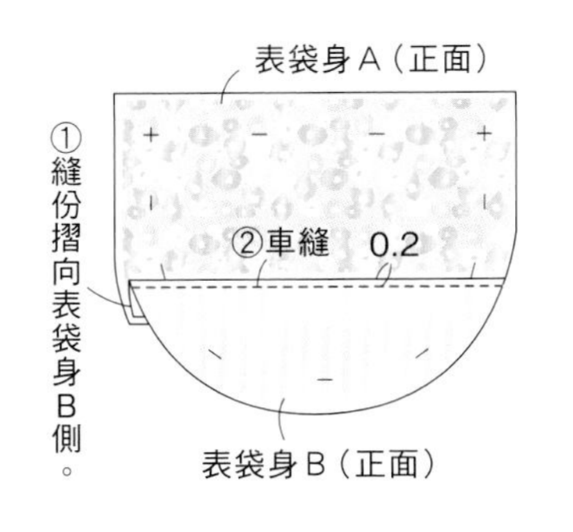

※作法2至5請參照上圖作法1至4

完成

No.88

P.2 1至3 貼花平面托特包

◆原寸紙型請見P.36

作法　※單位＝cm

◆1至3（材料相同）（1個的用量）
a布（素色亞麻布・白色）…6cm×7cm
b布（點點棉布）…6cm×14cm
c布（素色亞麻布・1＝紫色、2＝藍綠色、3＝紅色）
…6cm×10cm
d布（花朵棉布）…5cm×3cm
緞帶（寬0.5cm・黑色）…7cm×2條

◆1
蕾絲（寬1.3cm）…2cm

◆3
花形蕾絲（寬1.2cm）…1個

1 縫上貼布

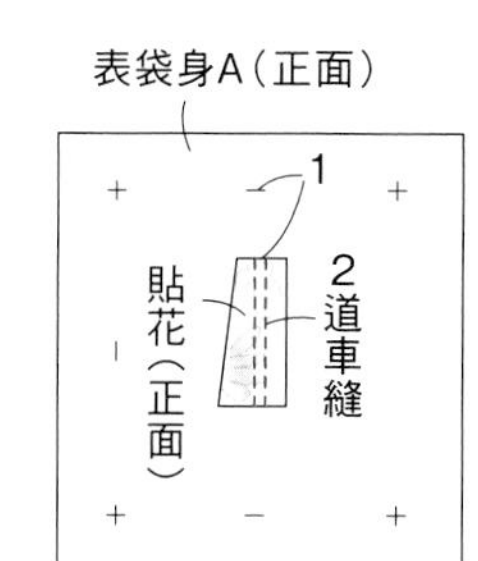

2 製作表袋身

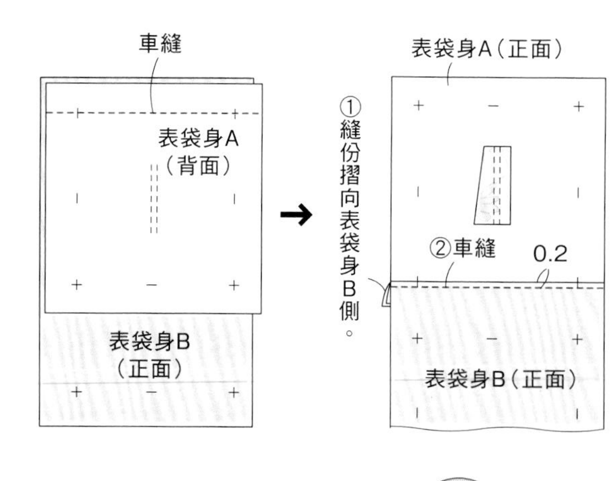

3 縫上布標及提把

表袋身A（正面）
③平針縫。
1.5 0.5
緞帶
①摺起。
布標（正面）
7
0.5
②平針縫
0.7
表袋身B（正面）
④平針縫。

4 縫製袋口

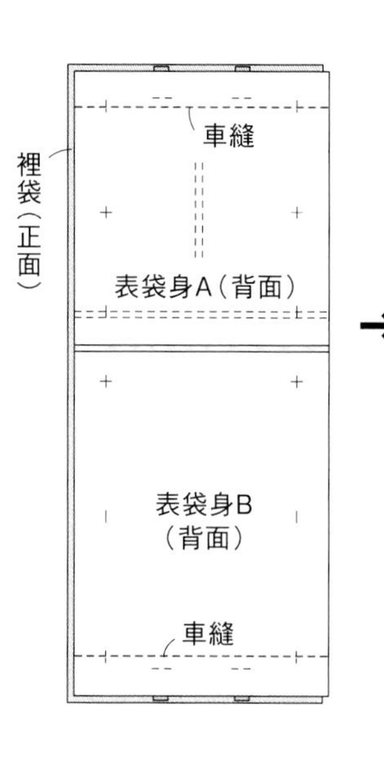

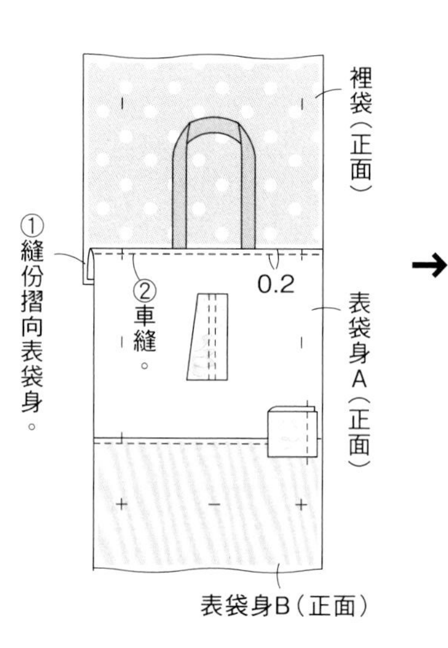

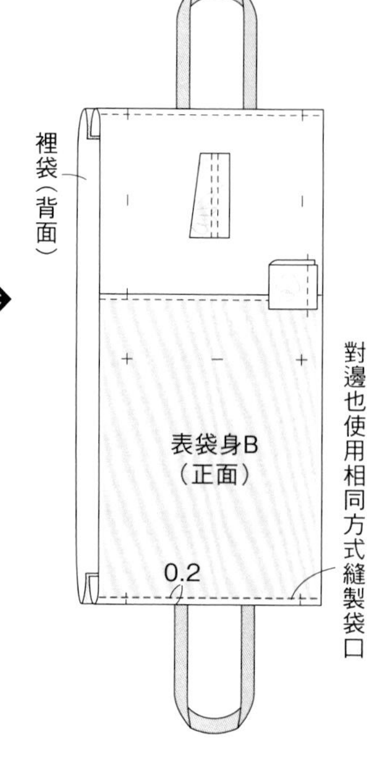

5 縫合脇邊線

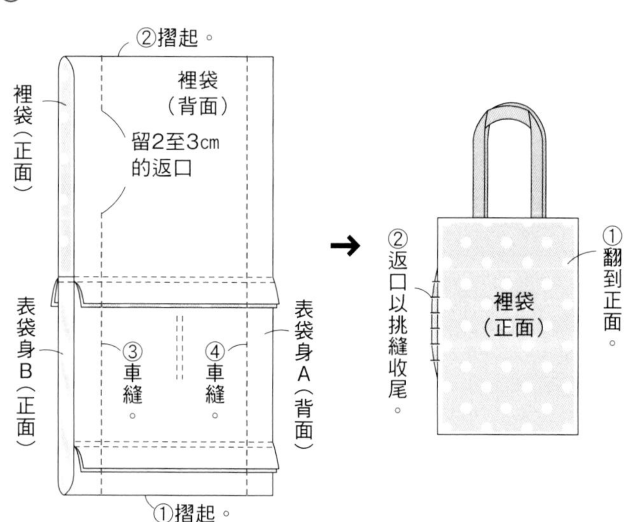

→

②返口以挑縫收尾。
裡袋（正面）
①翻到正面。

完成

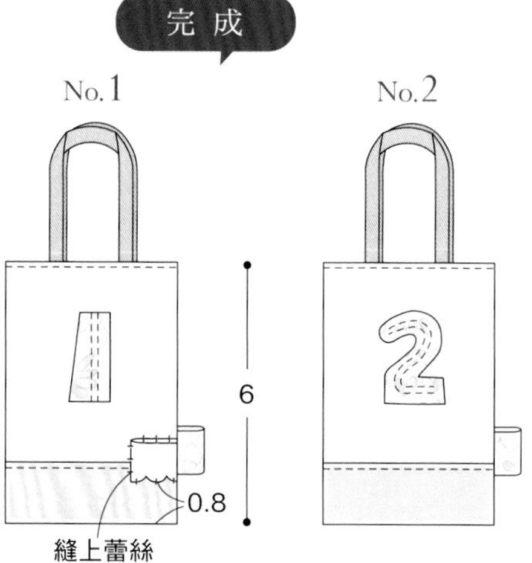

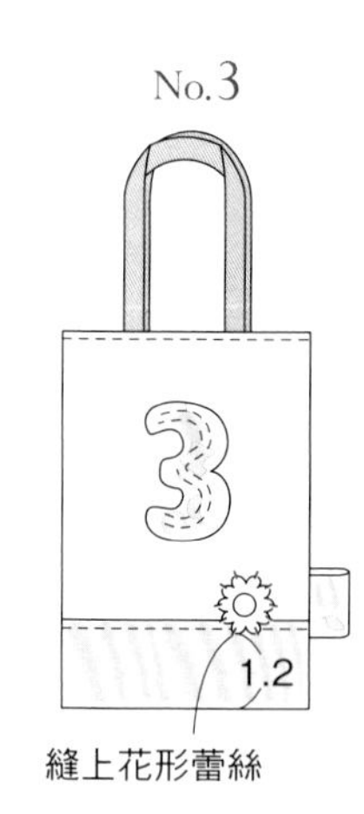

P.3 4・5 橫式平面提袋

◆原寸紙型請見P.36

◆4

表布（素色亞麻布・白色）…8cm×9cm
配布（花朵棉布）…3cm×1cm
裡布（格紋平織棉布）…8cm×13cm
皮繩（粗0.1cm）…9cm×2條
25號繡線（紅色）
印章

◆5

表布（素色亞麻布・白色）…8cm×9cm
配布（花朵棉布）…3cm×1cm
裡布（格紋平織棉布）…8cm×13cm
皮繩（粗0.1cm）…9cm×2條
25號繡線（藍色）
印章

作法

※單位＝cm

1 在表袋身縫上提把

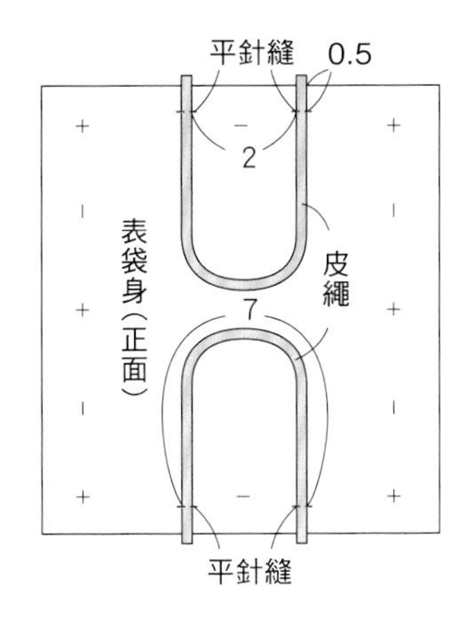

2 縫合裡袋身、表袋身

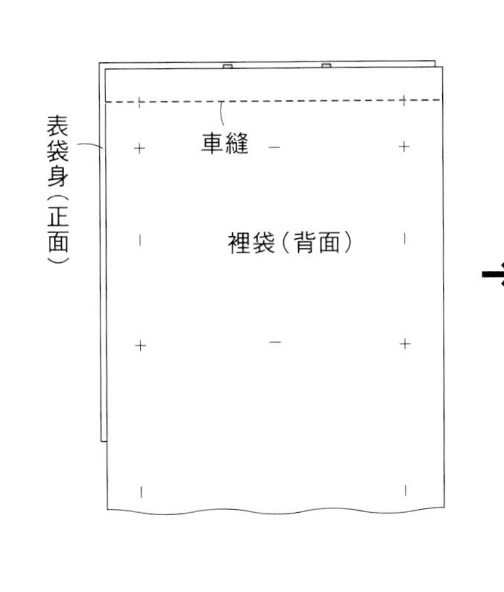

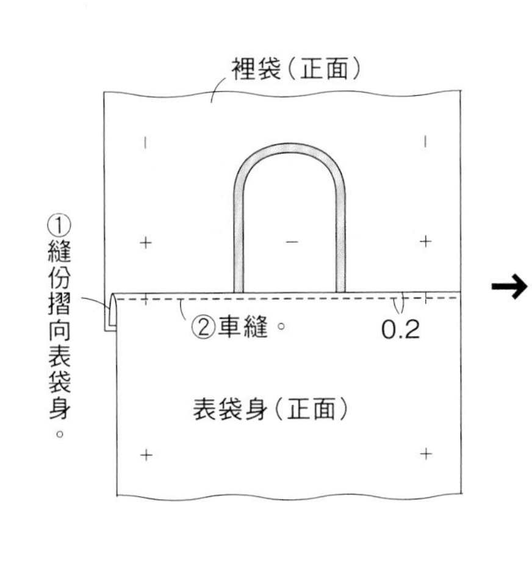

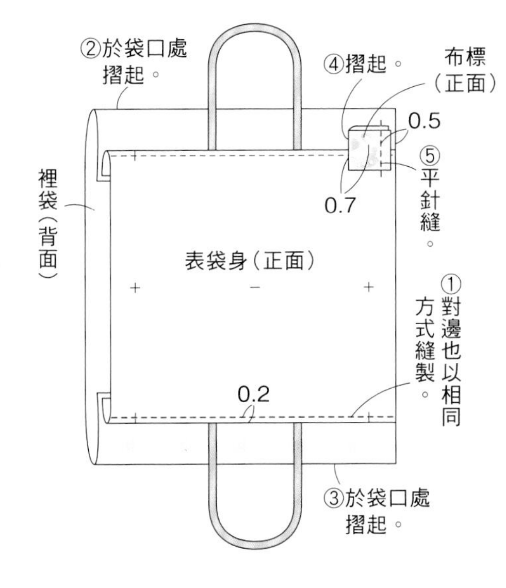

3 縫合脇邊線

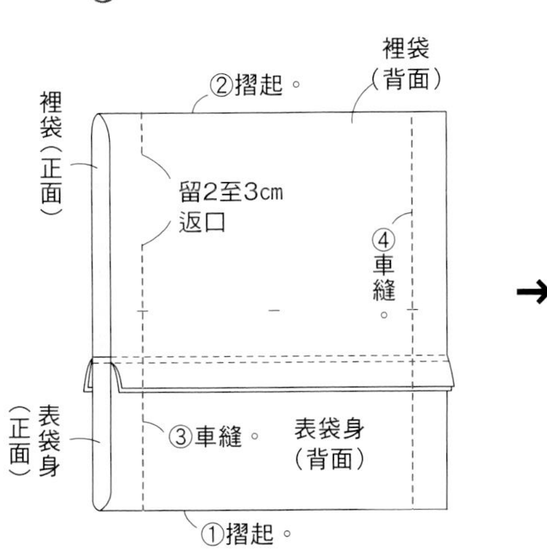

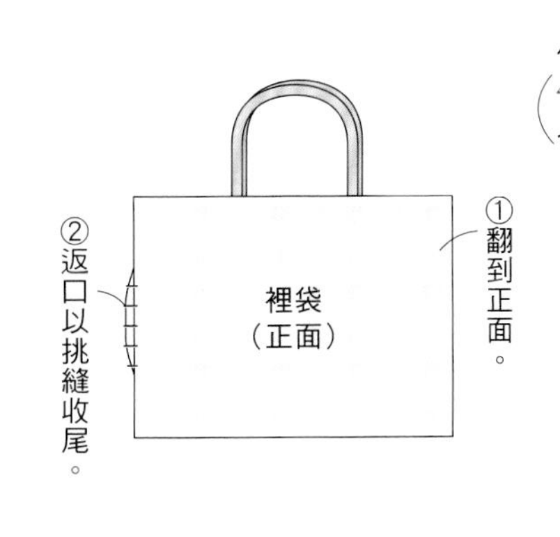

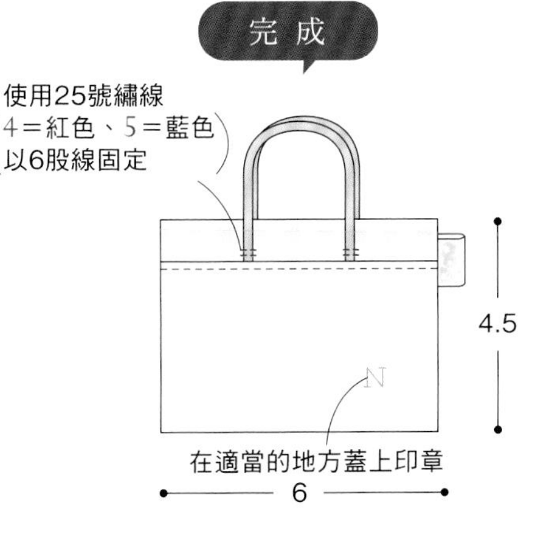

1至3原寸紙型

※除了指定處之外，裁剪時皆需多加○內數字的縫份

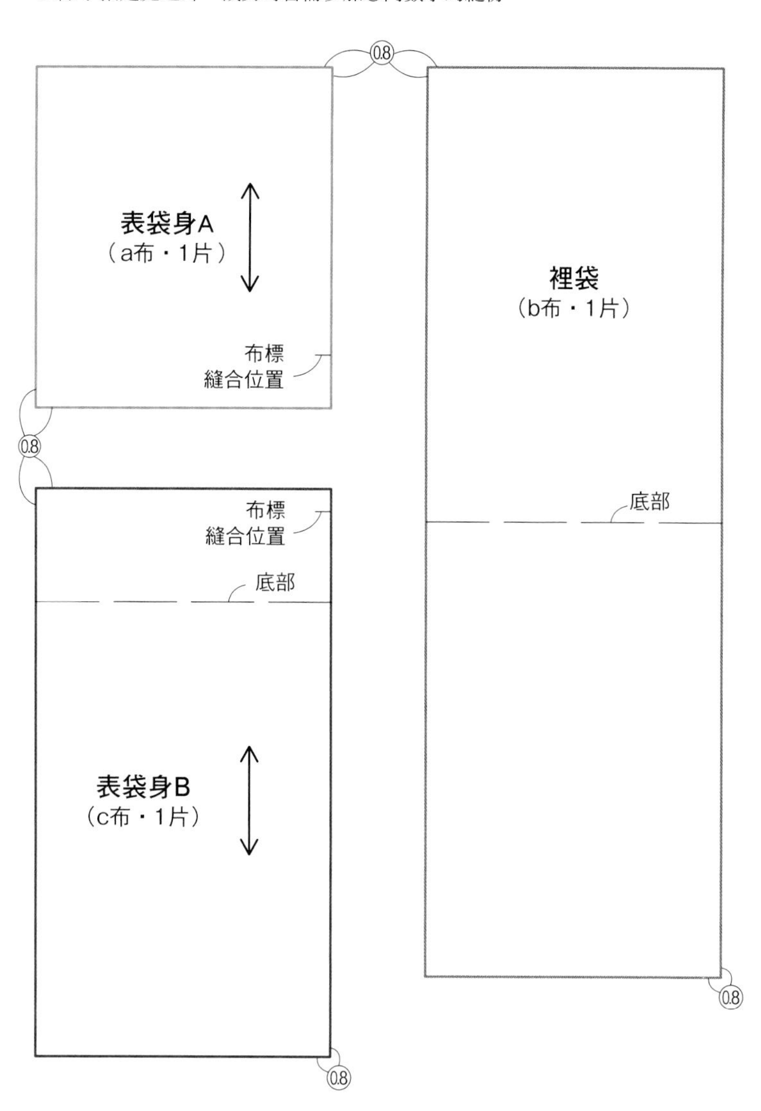

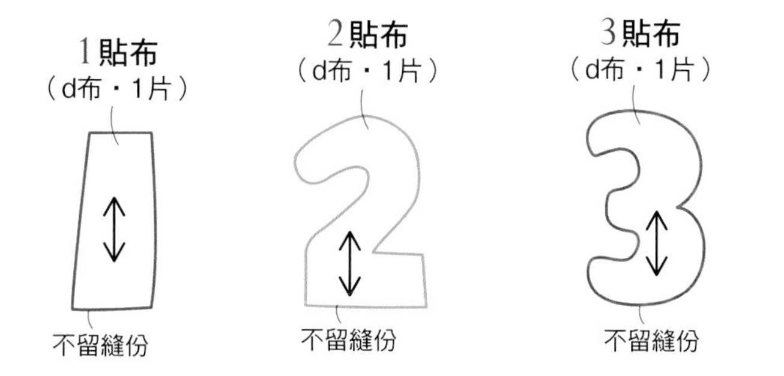

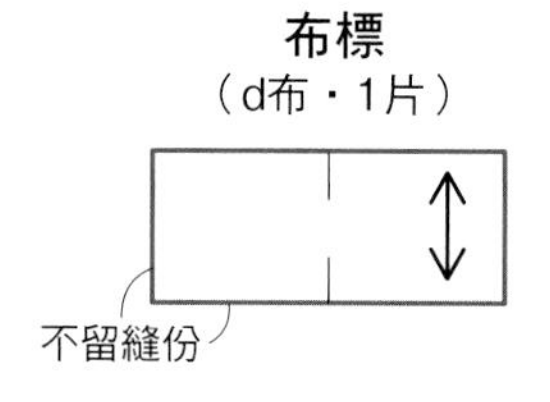

4・5原寸紙型

※除了指定處之外，裁剪時皆需多加○內數字的縫份

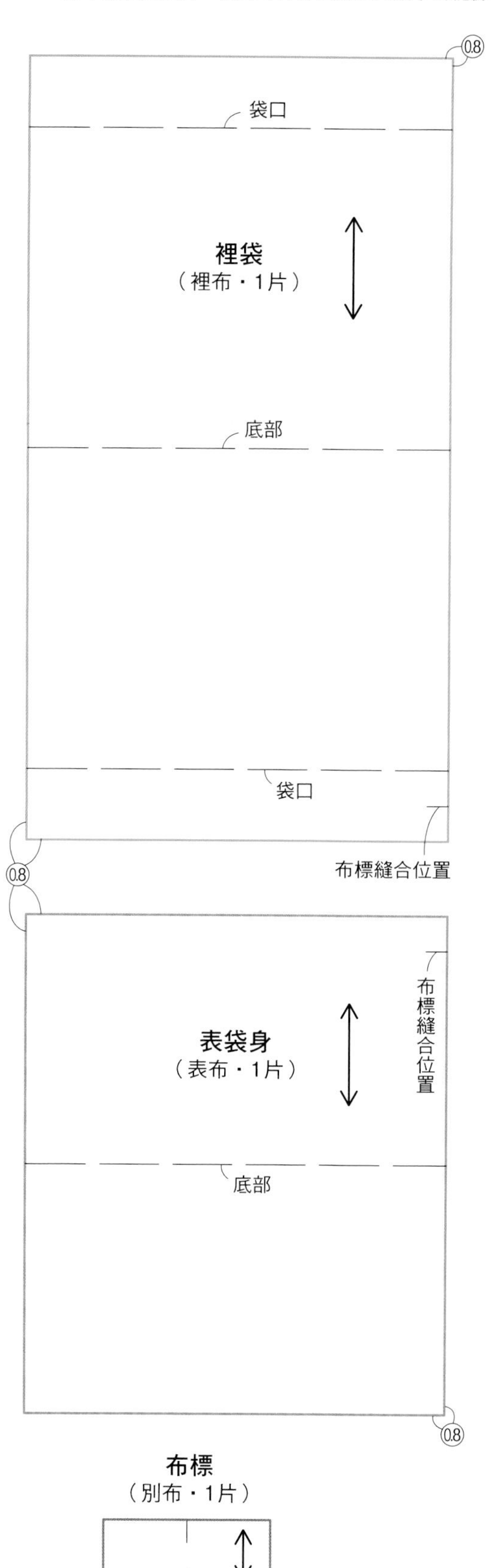

6至12原寸紙型

※除了指定處之外，裁剪時皆需多加○內數字的縫份

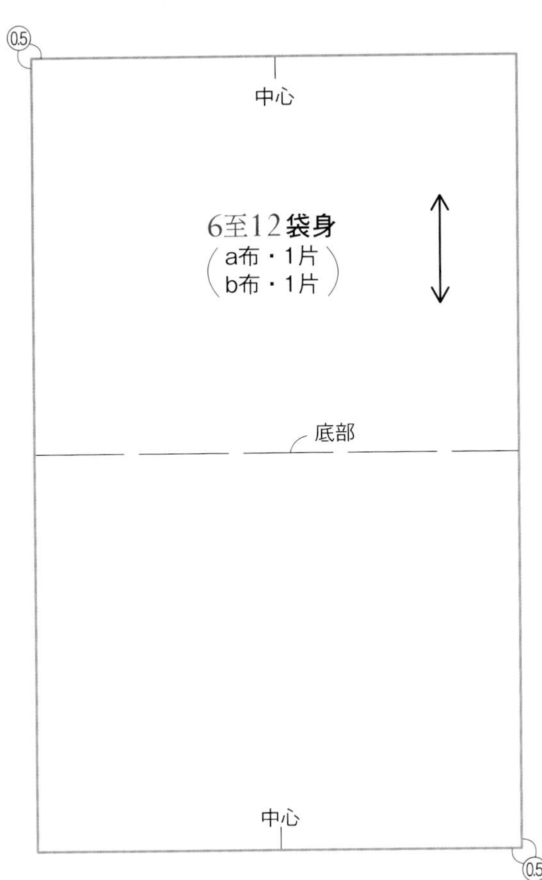

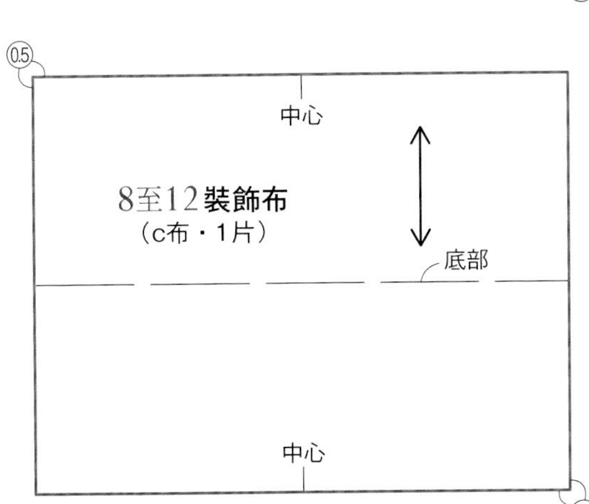

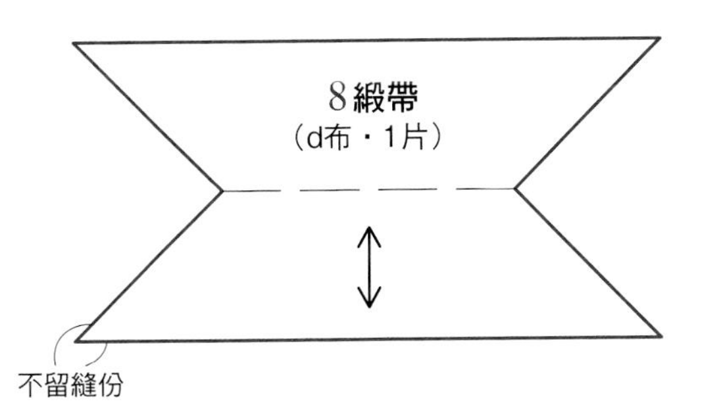

18至22原寸紙型

※除了指定處之外，裁剪時請加0.5cm的縫份

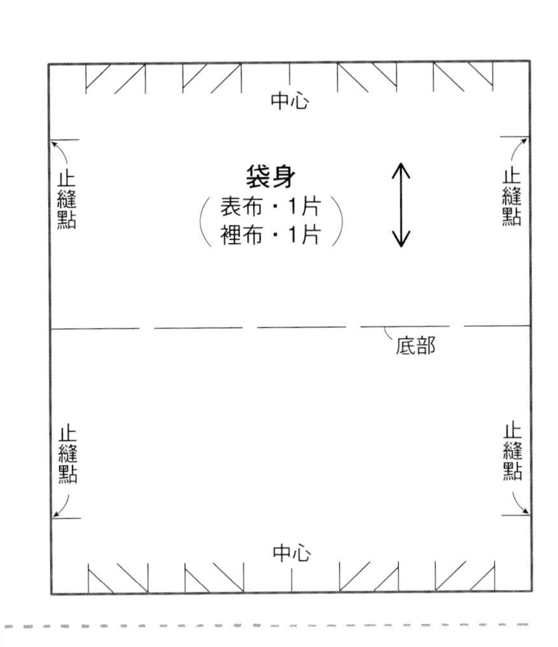

86至90原寸紙型

※除了指定處之外，裁剪時皆需多加○內數字的縫份

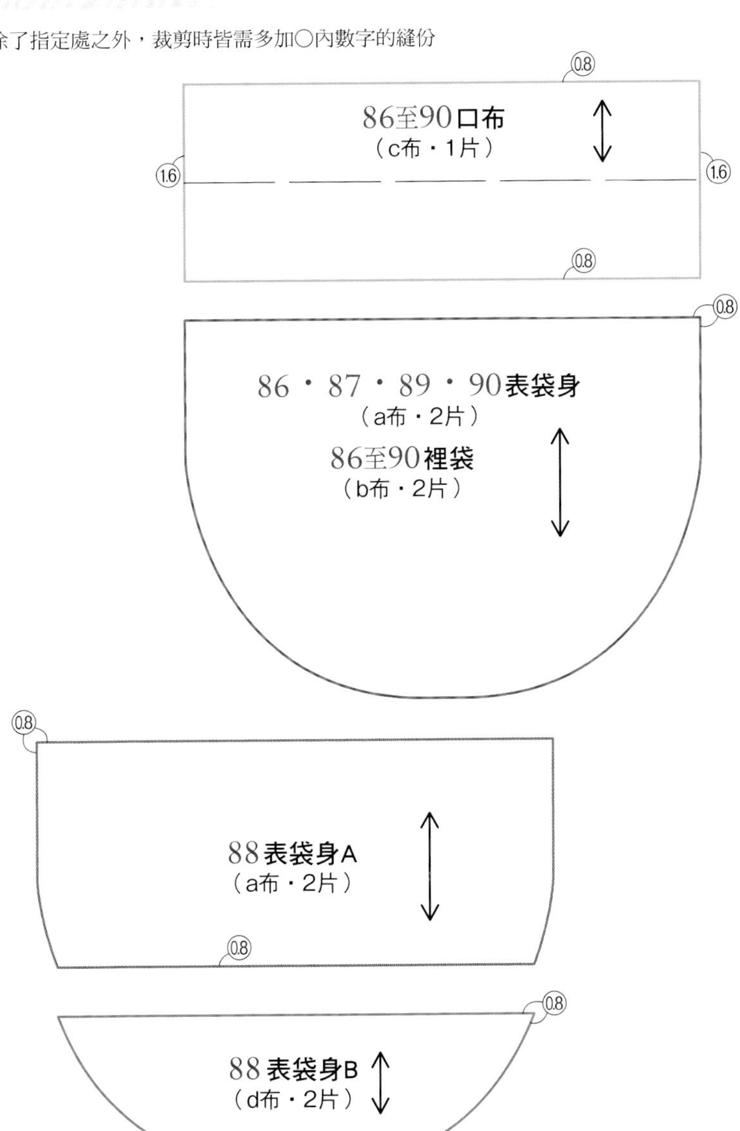

P.4 # 6至9 托特包4款

6・7 ※單位＝cm

◆原寸紙型請見P.37

◆6
a布（點點棉布）…8cm×12cm
b布（素色亞麻布・米色）…8cm×12cm
織帶（寬1cm）…6.5cm×2條
皮繩（粗0.1cm）…6cm
圓環（0.4cm）…1個
吊飾（艾菲爾鐵塔）…1個
25號繡線（紅、白、藍）

◆7
a布（素色亞麻布・深藍色）…8cm×12cm
b布（點點棉布）…8cm×12cm
皮繩（寬0.7cm）6.5cm×2條
奧地利風織帶（寬1.1cm）…12cm

◆8
a布（素色亞麻布・原色）…8cm×12cm
b布（格子棉布）…8cm×12cm
c布（素色棉布・紅色）…8cm×6cm
d布（印花棉布）…6cm×3cm
織帶（寬0.5cm）…12cm×2條

◆9
a布（素色亞麻布・原色）…8cm×12cm
b布（直條紋棉布）…8cm×12cm
c布（格紋平織棉布）…8cm×6cm
織帶（寬1cm）…12cm×2條
皮繩（粗0.1cm）…6cm
圓環（0.4cm）…1個
吊飾（熊）…1個

1 縫上織帶（僅7需要）

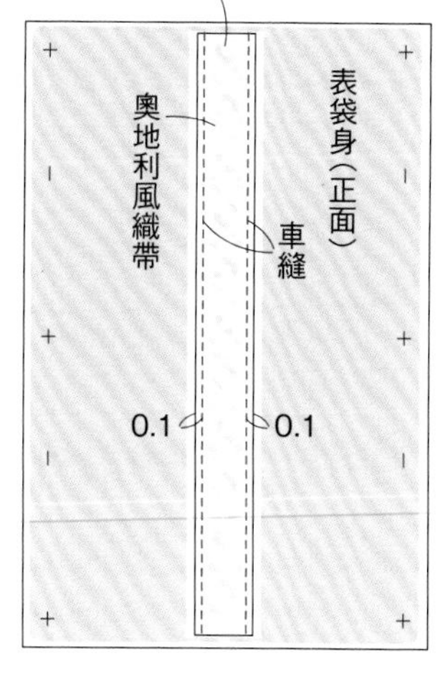

2 縫合表袋身脇邊線

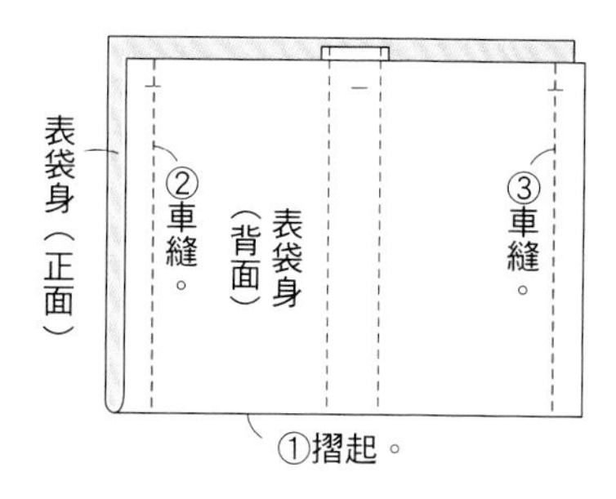

3 縫合裡袋脇邊線

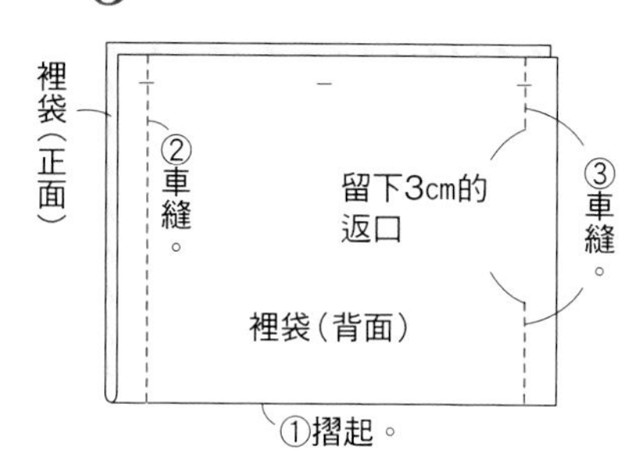

4 縫製袋底

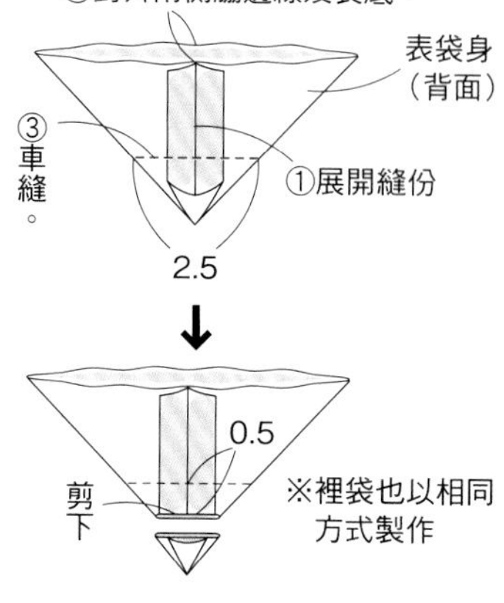

5 縫上提把

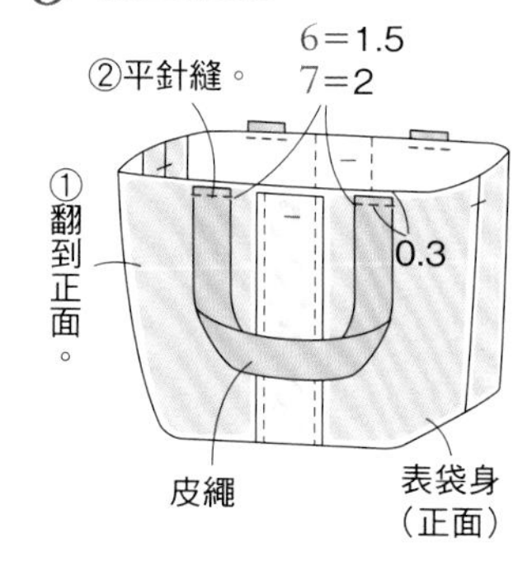

安裝圓環的方式

先將圓環前後挪動錯開，再接合連接處即可關上。

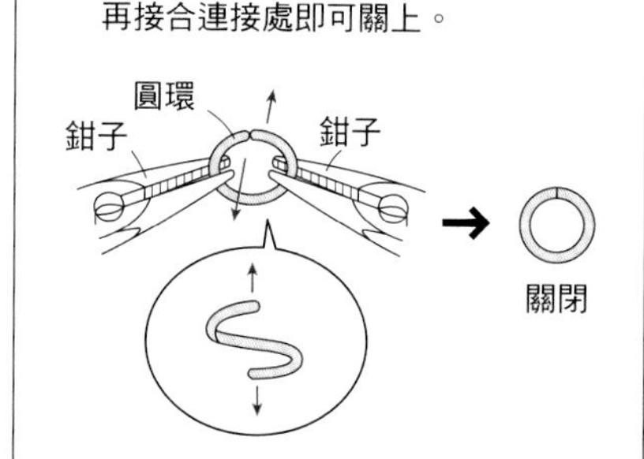

6 縫合袋口

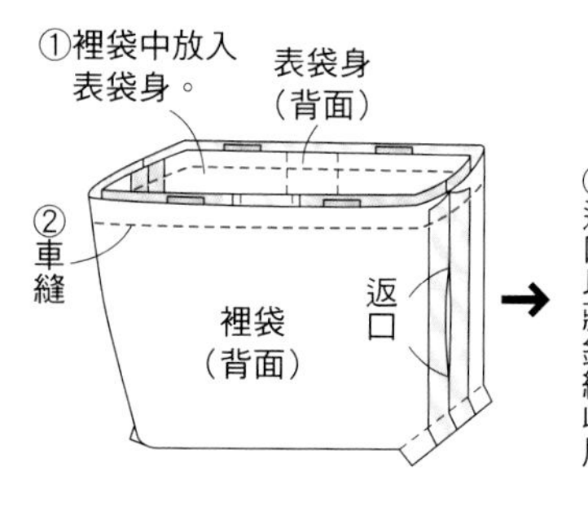

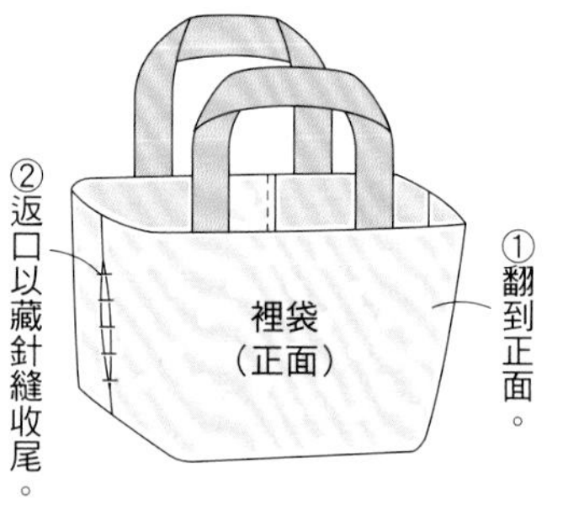

完成

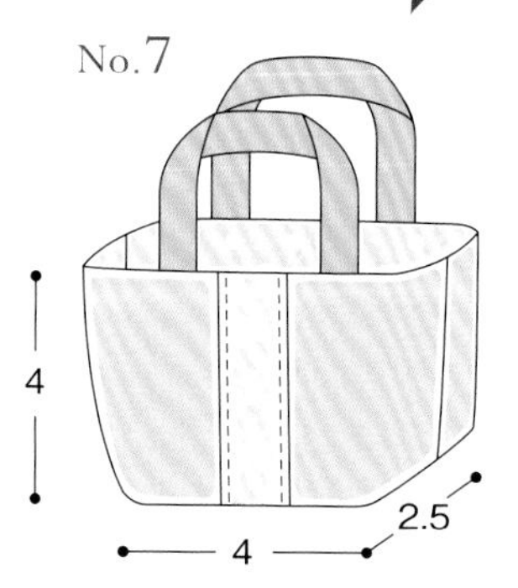

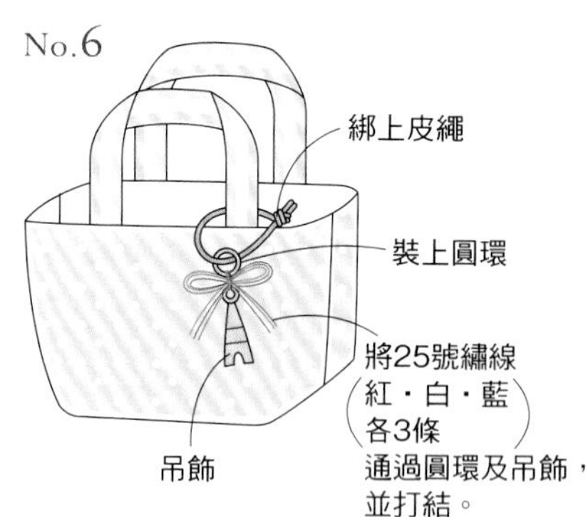

8・9　※單位＝cm

1 在表袋身縫上提把及裝飾布

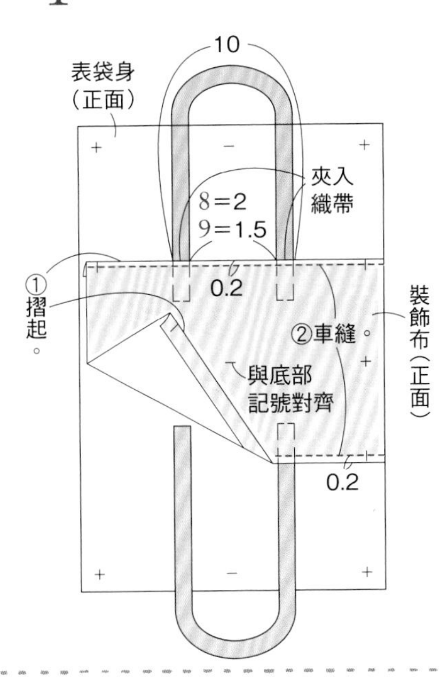

※作法2至5請參照P.38作法2至4、6

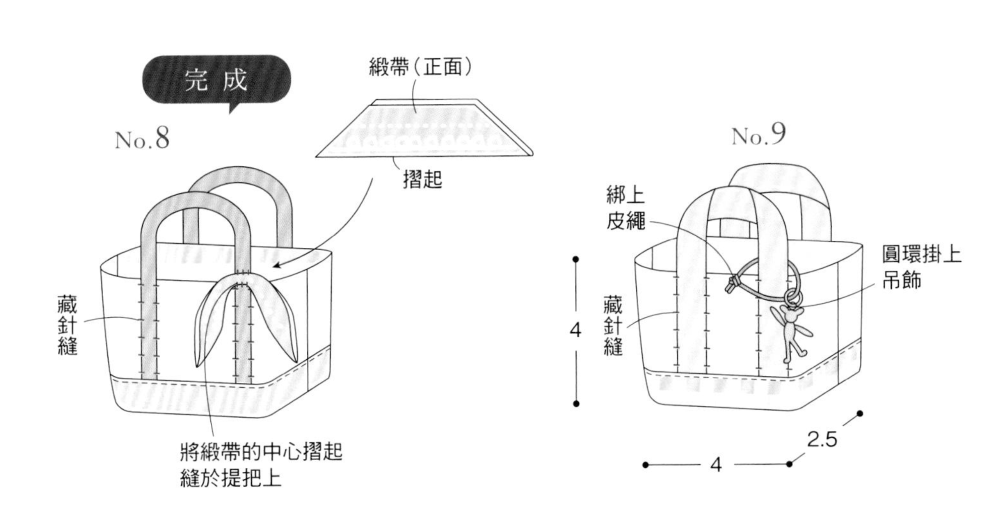

P.5 10至12 海軍風提袋

◆原寸紙型請見P.37

◆10至12（1個的用量）

a布（素色亞麻布・原色）…8cm×12cm

b布（10＝花朵棉布、11＝格紋平織棉布、12＝印花棉布）
…8cm×12cm

c布（10＝直條紋棉布、11＝點點棉布、12＝格紋棉布）
…8cm×6cm

d布（船錨印花棉布）…1cm×1cm

繩子（粗0.3cm）…6.5cm×2條

手工藝用接著劑

作法　※單位＝cm

1 在表袋身縫上裝飾布

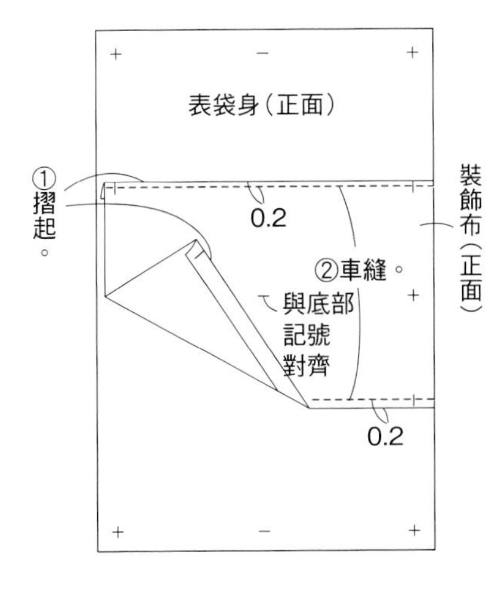

※作法2至4、6請參照
P.38作法2至4、6

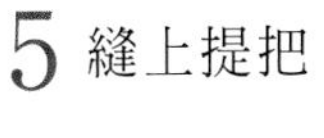

5 縫上提把

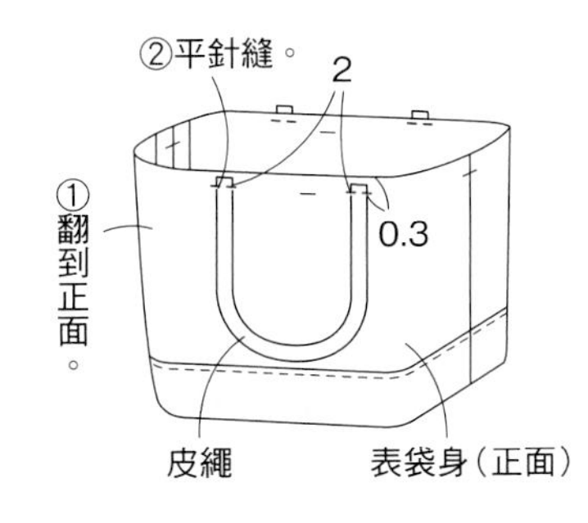

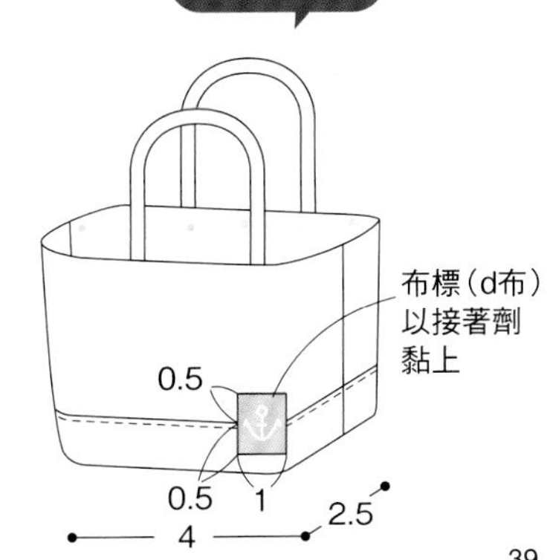

P.10 23至25 祖母包

◆原寸紙型請見P.41

◆23・24（1個的用量）
表布（花朵棉布）…14cm×10cm
配布（23＝花朵棉布、24＝格紋棉布）…10cm×8cm
裡布（23＝印花棉布、24＝花朵棉布）…14cm×14cm
織帶（寬1.4cm）…19cm
23＝蕾絲A、24＝蕾絲（寬1cm）…10cm
蕾絲B（寬0.8cm）…20cm（僅23需要）
23＝包釦、24＝鈕釦（1.3cm）…1個
圓環（0.5cm）…1個

◆25
表布（格紋平織棉布）…14cm×14cm
裡布（花朵棉布）…14cm×14cm
織帶（寬1.4cm）…19cm
蕾絲（寬1cm）…10cm
鈕釦（花型・1.1cm）…1個
圓環（0.5cm）…1個
包包墜鍊…1條

25 ※單位＝cm

1 縫合褶線

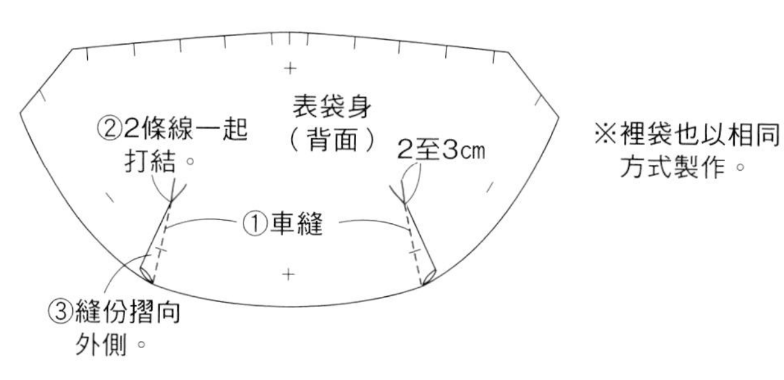

※裡袋也以相同方式製作。

2 縫合袋底

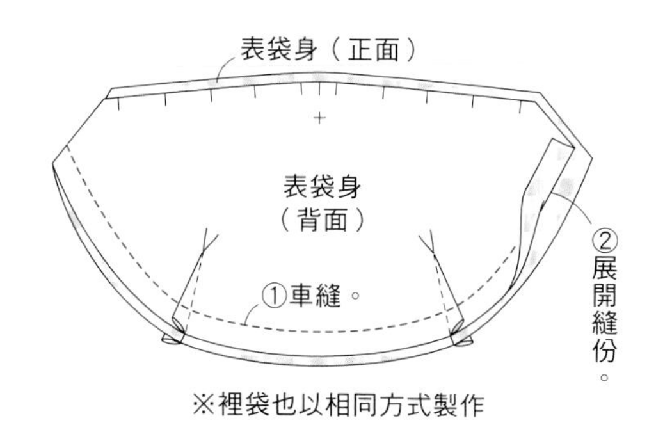

※裡袋也以相同方式製作

3 表袋身袋口抓褶

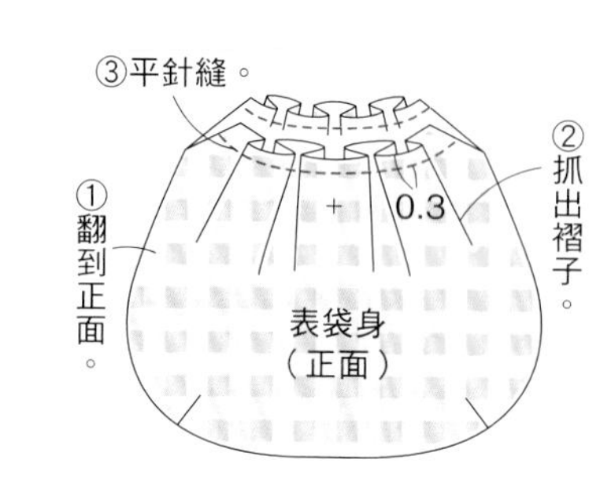

4 裡袋袋口抽褶

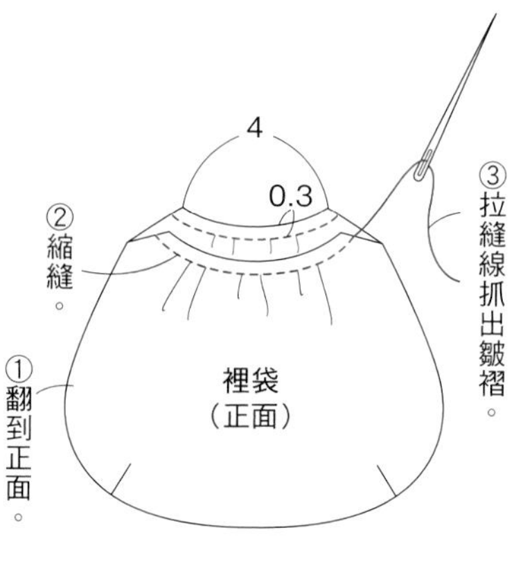

5 結合裡袋身、表袋身，袋口縫上蕾絲

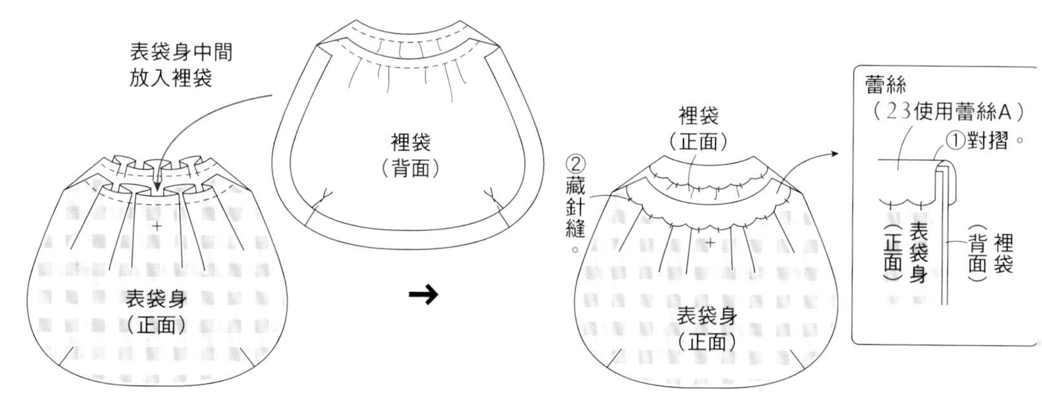

6 縫上提把及布標

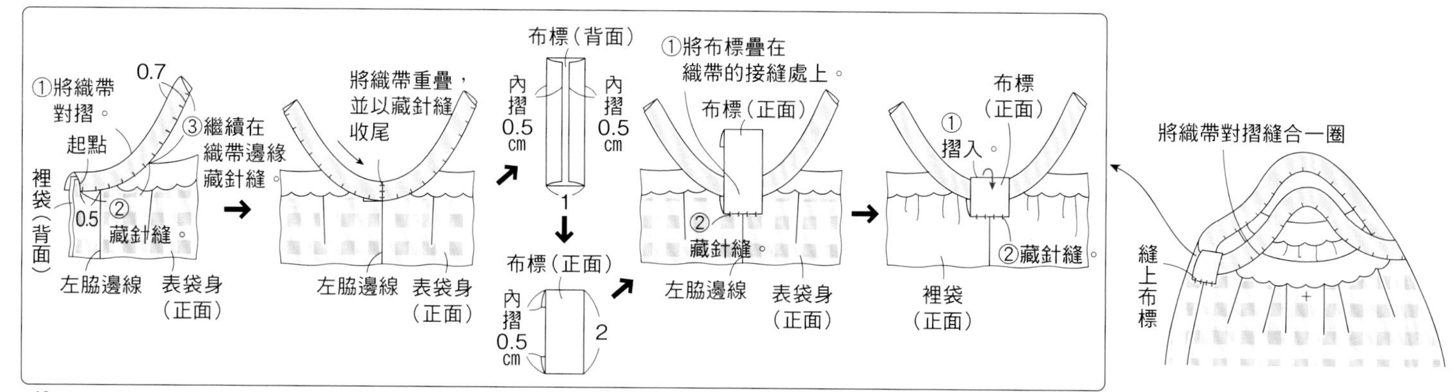

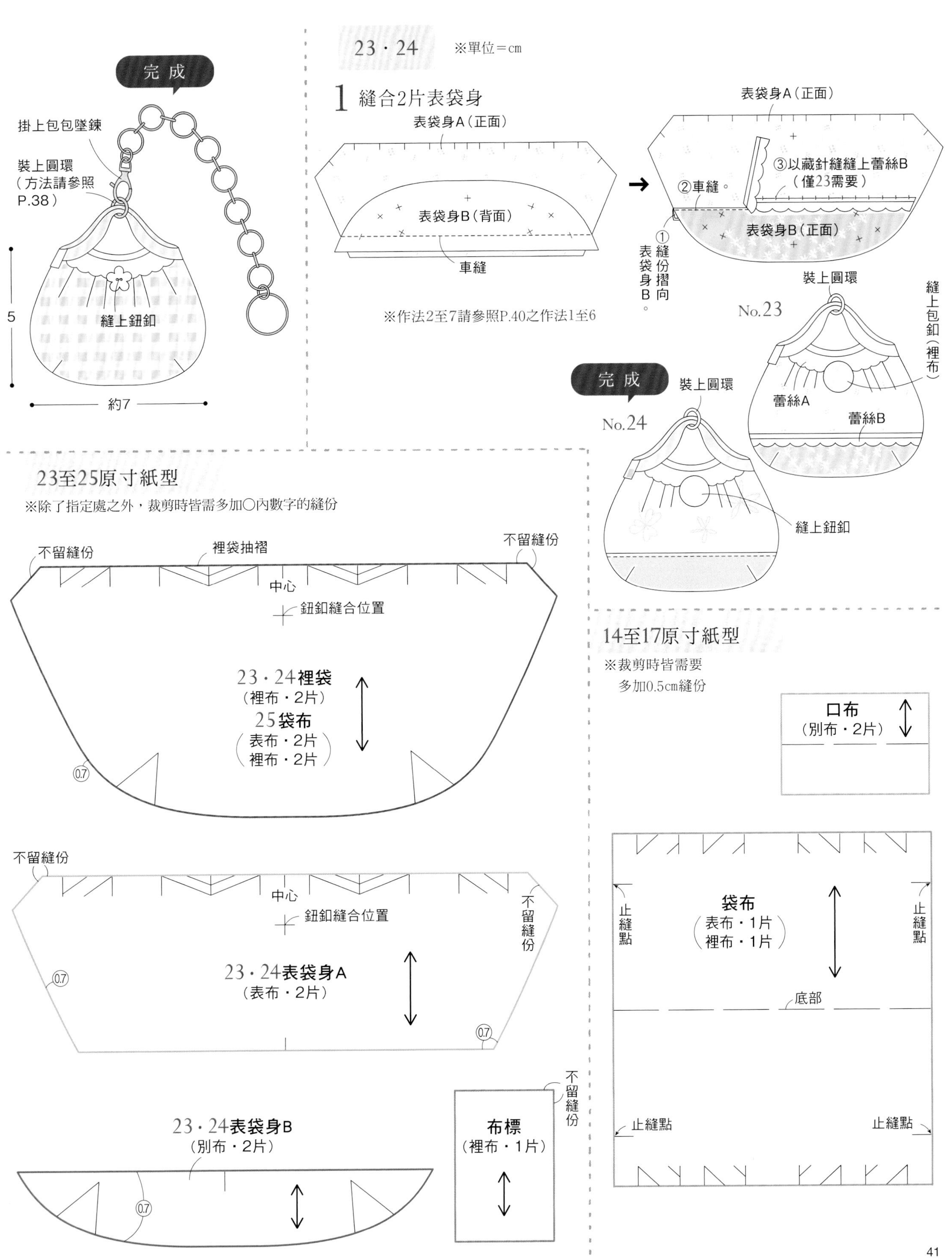

完成
掛上包包墜鍊
裝上圓環
（方法請參照P.38）
縫上鈕釦
5
約7
23・24 ※單位＝cm
1 縫合2片表袋身
表袋身A（正面）
表袋身B（背面）
車縫
表袋身A（正面）
③以藏針縫縫上蕾絲B（僅23需要）
②車縫。
①縫份摺向表袋身B。
表袋身B（正面）
※作法2至7請參照P.40之作法1至6
裝上圓環
No.23
縫上包釦（裡布）
蕾絲A
蕾絲B
完成
裝上圓環
No.24
縫上鈕釦
23至25原寸紙型
※除了指定處之外，裁剪時皆需多加○內數字的縫份
不留縫份
裡袋抽褶
不留縫份
中心
鈕釦縫合位置
23・24裡袋
（裡布・2片）
25袋布
（表布・2片
裡布・2片）
0.7
不留縫份
中心
鈕釦縫合位置
不留縫份
23・24表袋身A
（表布・2片）
0.7
0.7
23・24表袋身B
（別布・2片）
0.7
不留縫份
布標
（裡布・1片）
14至17原寸紙型
※裁剪時皆需要多加0.5cm縫份
口布
（別布・2片）
袋布
（表布・1片
裡布・1片）
止縫點
止縫點
底部
止縫點
止縫點

P.5 13 海軍風提袋

◆原寸紙型請見P.46

◆材料

表布（素色亞麻布・原色）…9cm×11cm
裡布（格紋平織棉布）…9cm×11cm
皮革…3cm×1cm
繩子（粗0.3cm）…6cm×2條
吊飾（船錨）…1個
25號繡線（黃色）
印章

P.11 26至28 時尚購物籃

◆原寸紙型請見P.46

◆26至28（材料相同）（1個的用量）

表布（素色亞麻布・26＝米色、27＝紫色、28＝黑色）…9cm×11cm
裡布（26、28＝點點棉布、27＝花朵棉布）…9cm×11cm
皮繩（寬0.5cm）…6cm×2條
蕾絲（寬1.2cm）…20cm

◆26

附花朵織帶…適量
緞帶（寬0.4cm）…8cm
包包墜鍊…1條

◆27

花形蕾絲（1cm）…3個
緞帶（寬0.4cm）…8cm
珍珠（0.2cm）…3個

◆28

造型蕾絲（4cm）…2條
假花…1朵

作法 ※單位＝cm

1 縫合表袋身脇邊線

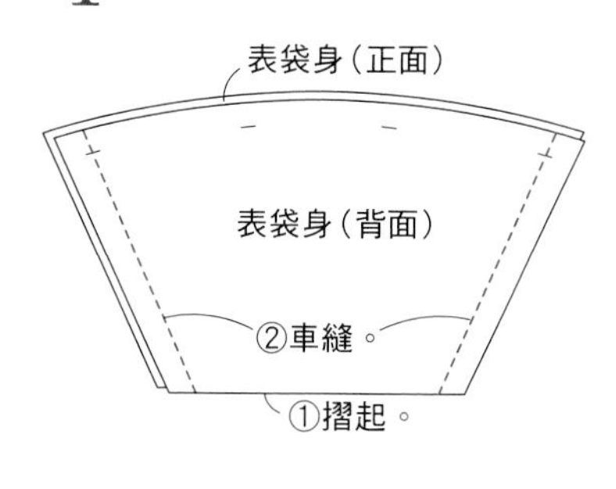

2 縫合裡袋脇邊線

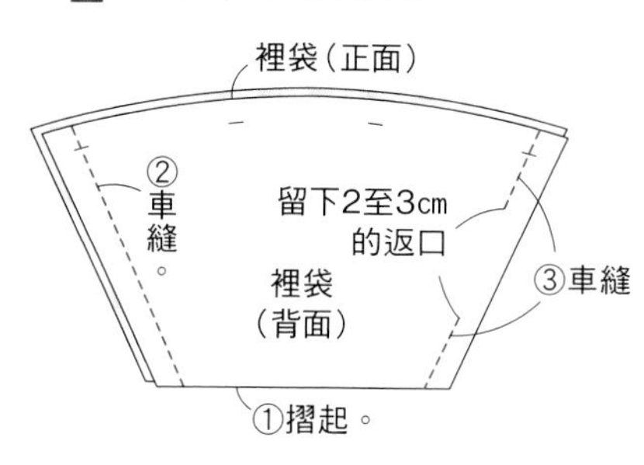

3 縫合袋底

②對齊兩側脇邊線與袋底。
③車縫。
表袋身（背面）
①展開縫份。
2

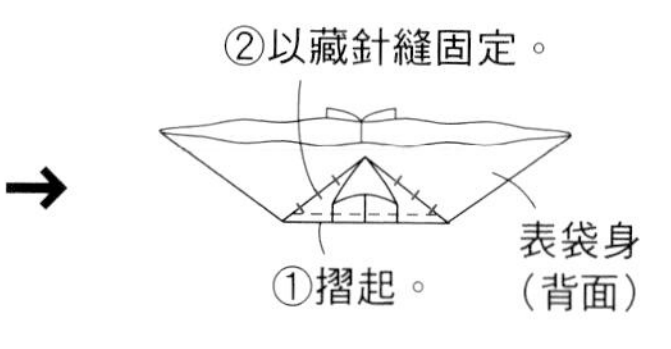

※裡袋也以相同方式縫製

4 縫上提把

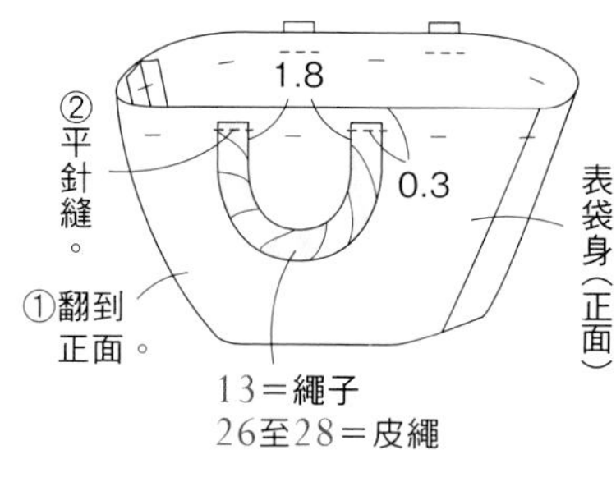

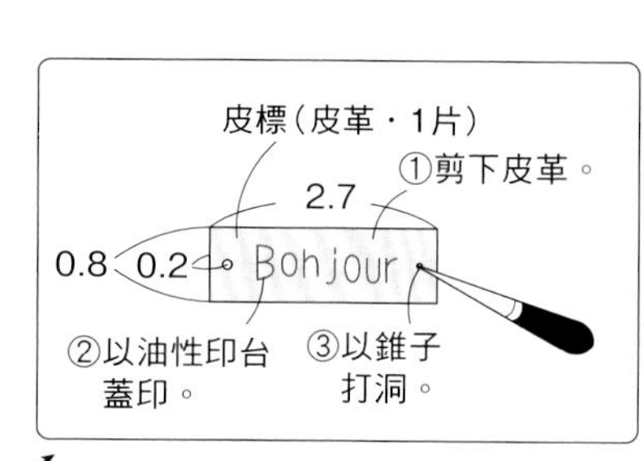

5 縫合袋口

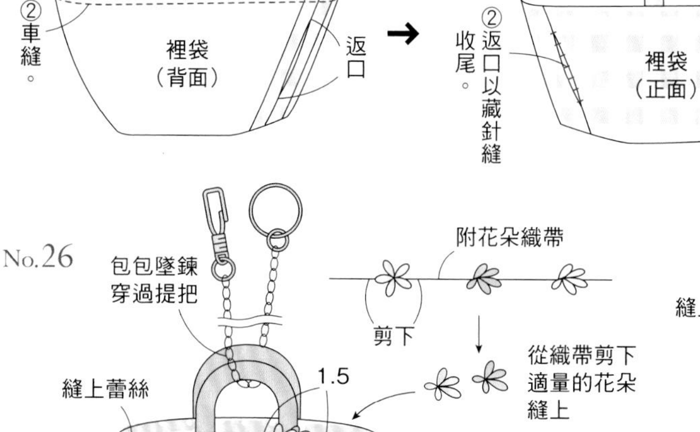

No.13 完成

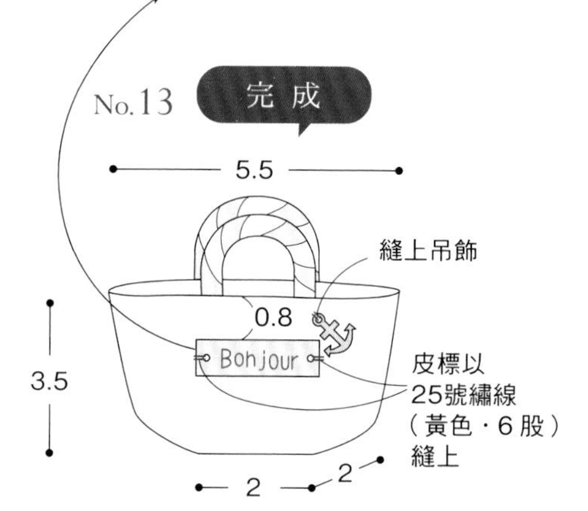

No.26

包包墜鍊穿過提把
附花朵織帶
剪下
從織帶剪下適量的花朵縫上
縫上蕾絲
1.5
1
1.5
將緞帶打結縫上

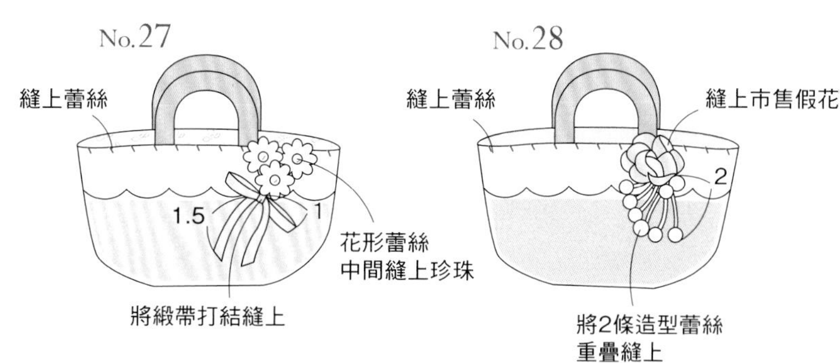

P.12 29·30 寬版托特包

◆原寸紙型請見P.46

◆ 29

表布（花朵亞麻布）…13cm×12cm
配布（直條紋亞麻布）…5cm×18cm
裡布（素色亞麻布・藍綠色）…18cm×18cm
皮繩（寬0.5cm）…9cm×2條
蕾絲A（寬2.2cm）…7cm
蕾絲B（寬1cm）…2cm
造型蕾絲（4cm）…1條
鈕釦（花形・1cm）…1個
25號繡線（黑色）

◆ 30

表布（花朵亞麻布）…13cm×12cm
配布（直條紋亞麻布）…5cm×18cm
裡布（素色亞麻布・紫色）…18cm×18cm
皮繩（寬0.5cm）…9cm×2條
蕾絲A（寬2.2cm）…7cm
蕾絲B（寬1cm）…2cm
蕾絲C（寬1cm）…7cm
鈕釦（花形・1cm）…1個
圓環（0.4cm）…1個
吊飾（十字架）…1個
25號繡線（黑色）

作法 ※單位＝cm

1 在表側面縫上褶線，並在前表側面縫上布標及裝飾

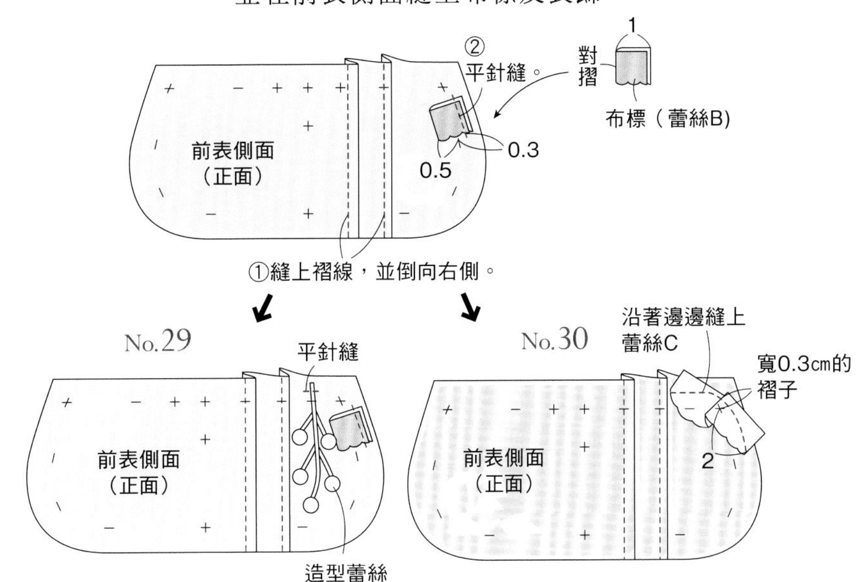

2 縫合表側面與表袋底

表袋底（背面）
③展開縫份。
後表側面（背面）
前表側面（正面）
②曲線處剪牙口。
①車縫。

3 縫合裡側面與裡袋底

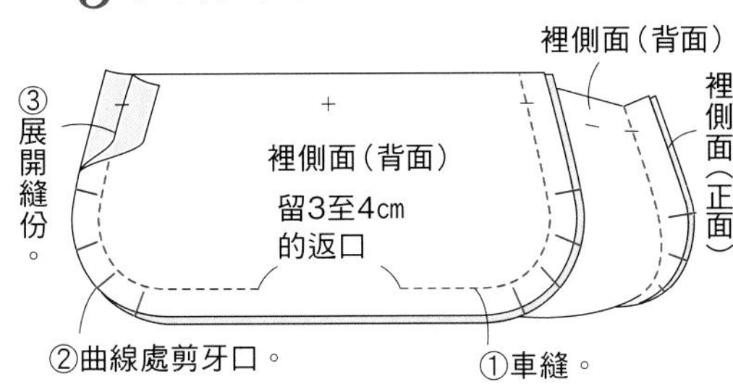

4 在後表側面縫上蕾絲A

5 縫合袋口

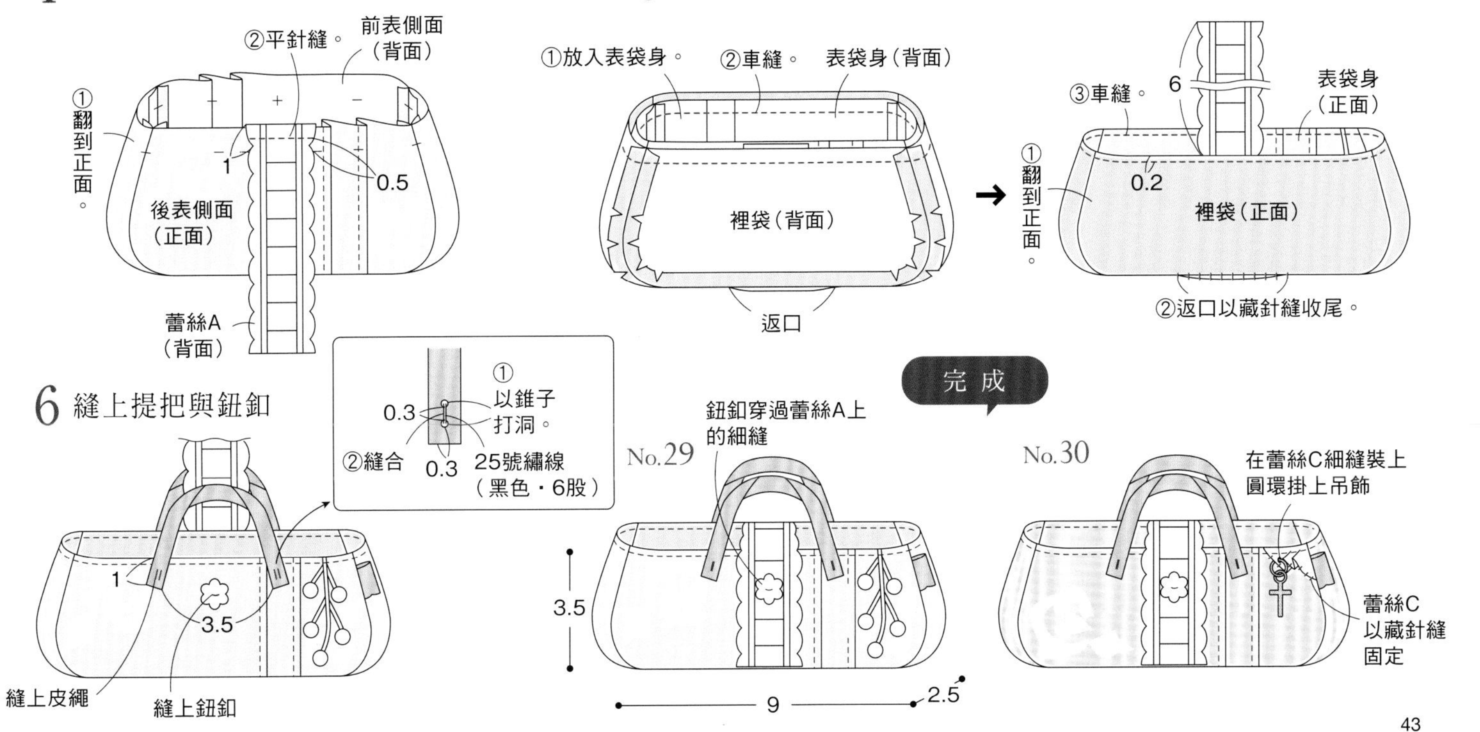

P.13 31至35 圓底托特包

◆原寸紙型請見P.46

◆31・33・35（1個的用量）
表布（花朵亞麻布）…14cm×7cm
配布（點點亞麻布）…5cm×14cm
裡布（直條紋亞麻布）…11cm×14cm
皮繩（寬0.5cm）…8cm×2條
蕾絲（寬1.2cm）…3cm
圓環（0.4cm）…1個
吊飾（31、35＝十字架、33＝緞帶）…1個
25號繡線（31＝紅色、33＝紫色、35＝藍色）
包包墜鍊…1個（僅33需要）

◆32
表布（素色亞麻布・米色）…14cm×7cm
配布（格子羊毛布）…5cm×14cm
裡布（點點亞麻布）…11cm×14cm
皮繩（寬0.5cm）…8cm×2條
織帶（寬1.2 cm）…3cm
字母織帶（寬1cm）…1.6cm
25號繡線（紅色）

◆34
表布（素色亞麻布・米色）…14cm×7cm
配布（直條紋亞麻布）…5cm×14cm
裡布（點點棉布）…11cm×14cm
皮繩（寬0.5cm）…8cm×2條
織帶（寬1.5 cm）…3cm
花形蕾絲（1.3cm）…1個
25號繡線（紅色）
手工藝用接著劑

作法 ※單位＝cm

1 縫上布標

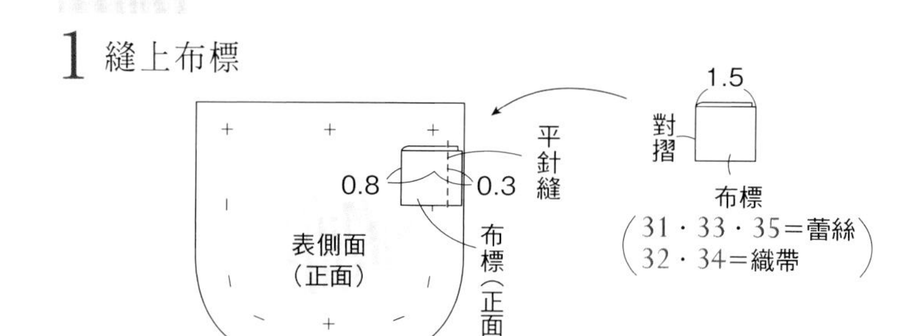

2 縫合表側面與表袋底

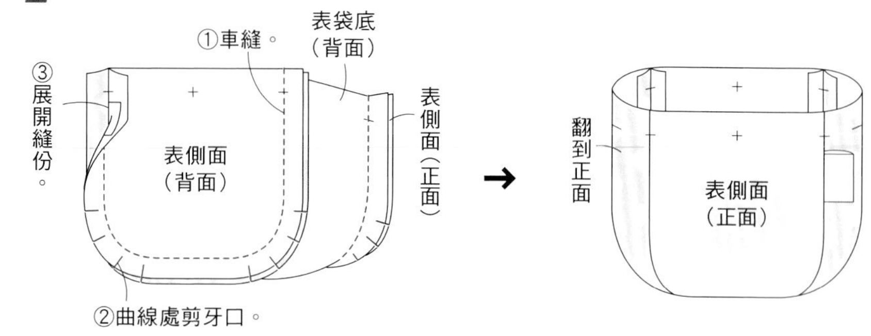

3 縫合裡側面與裡袋底

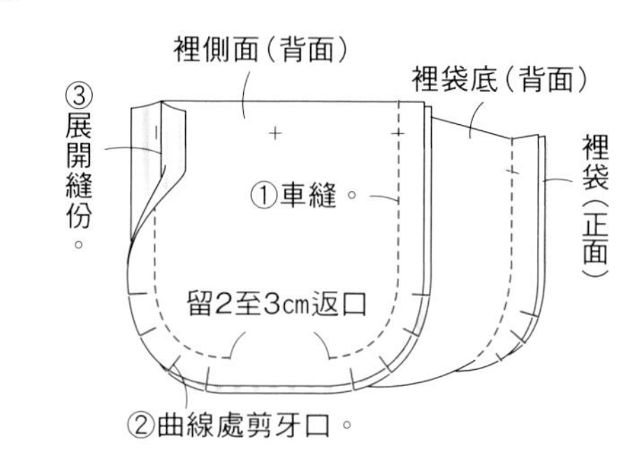

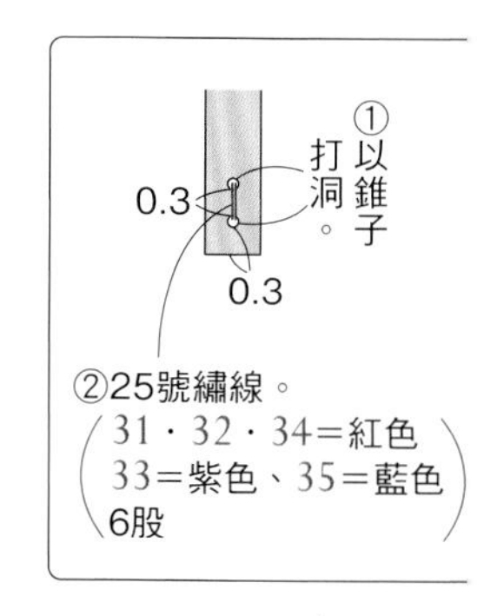

4 縫合袋口

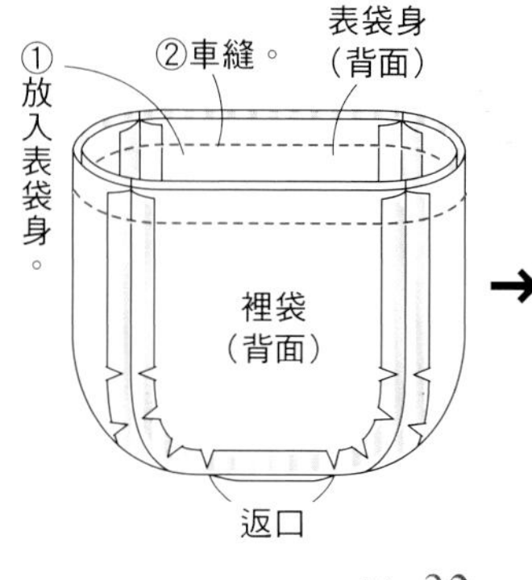

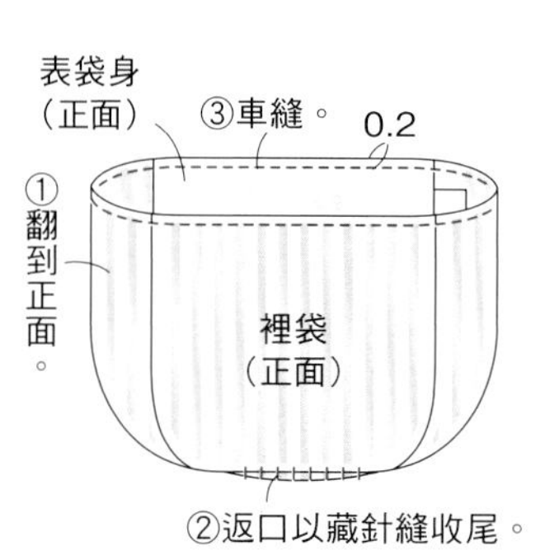

5 縫上提把

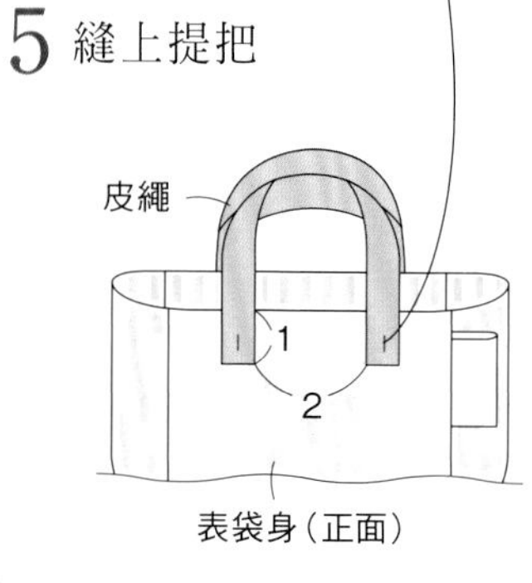

完成

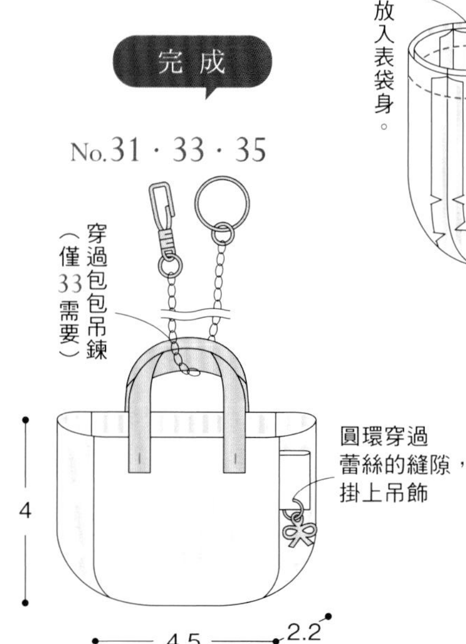

No.32
摺入
1
0.8
以藏針縫固定字母織帶 1

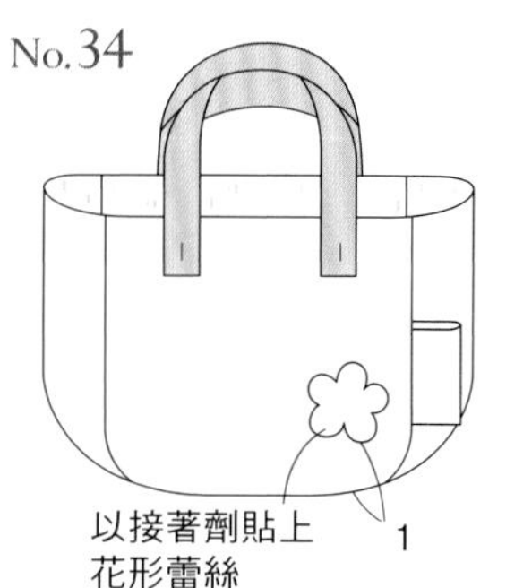

P.15 39至41 半圓形波士頓包

◆原寸紙型請見P.46

◆39

表布（粗棉布）…16cm×5cm
配布（格紋平織棉布）…18cm×7cm
裡布（印花棉布）…18cm×12cm
厚布襯…14cm×5cm
羅紋緞帶（寬0.5cm）…13.5cm×2條
拉鍊（10cm）…1條
圓環（0.6m）…1個
吊飾（船錨）…1個

◆40・41（1個的用量）

表布（40＝點點棉布、41＝直條紋棉布）…16cm×5cm
配布（素色棉布・40＝紅色、41＝咖啡色）…18cm×7cm
裡布（40＝花朵棉布、41＝印花棉布）…18cm×12cm
厚布襯…14cm×5cm
皮繩（寬0.5cm）…8cm×2條
拉鍊（10cm）…1條
25號繡線（40＝白色、41＝米色）

40・41 ※單位＝cm

1 縫合表側面A與表側面B

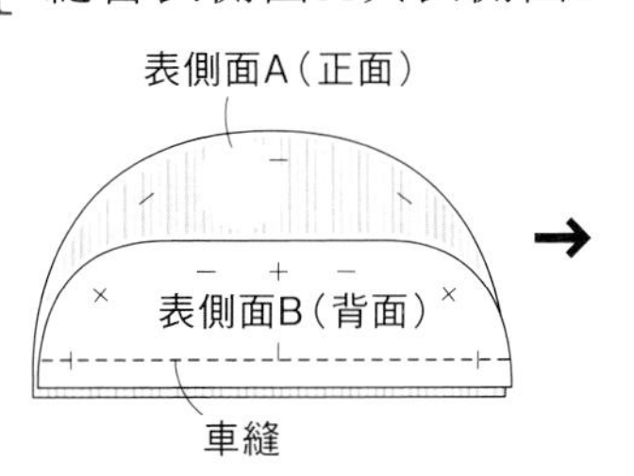

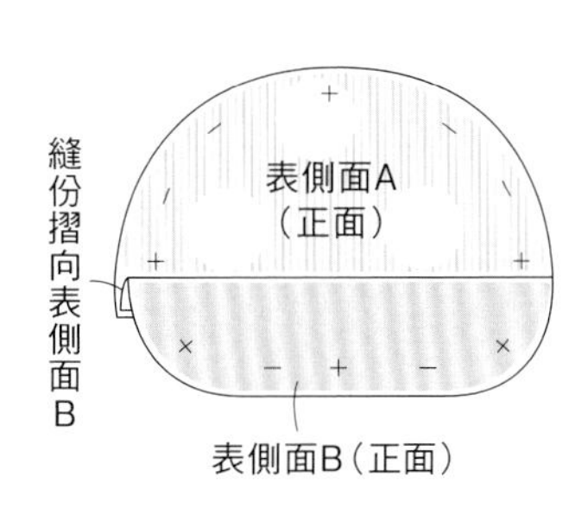

2 縫合拉鍊與袋底

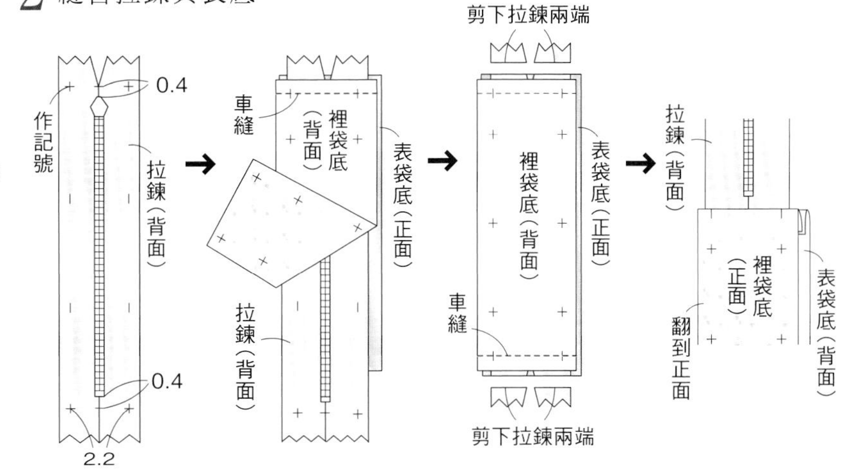

3 縫合表側面B與袋底、表側面A與拉鍊

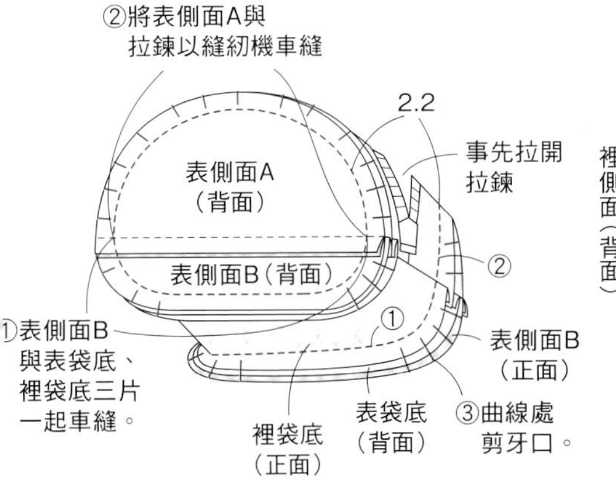

4 製作裡側面

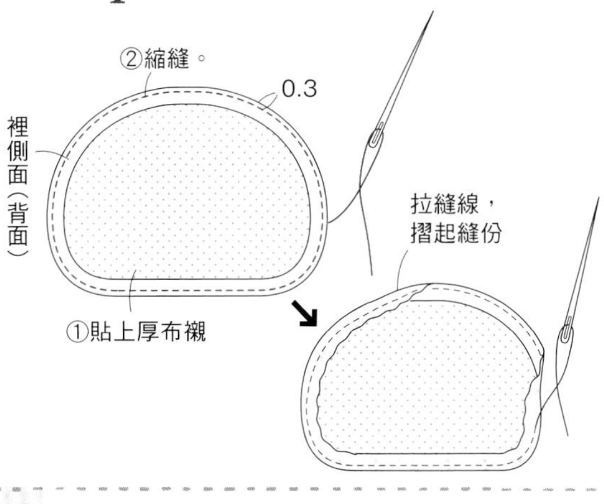

5 縫合裡側面

拉鍊（背面）
②藏針縫。
裡側面
（正面）
裡袋底（正面）
①縫份摺向側面。

完成

No.40・41

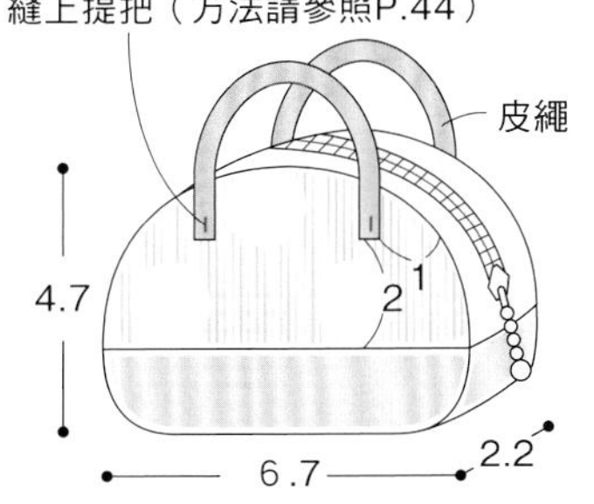

39 ※單位＝cm

1 縫合表側面A與表側面B

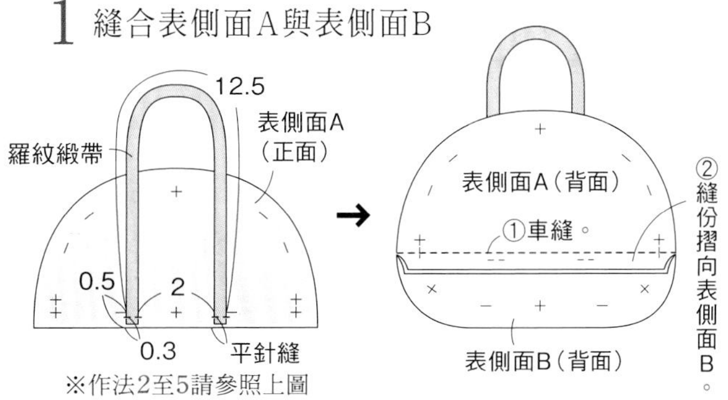

※作法2至5請參照上圖

完成

No.39

裝上圓環，
掛上吊飾
2
藏針縫

13・26至28原寸紙型

※裁剪時，皆需多加0.5cm的縫份

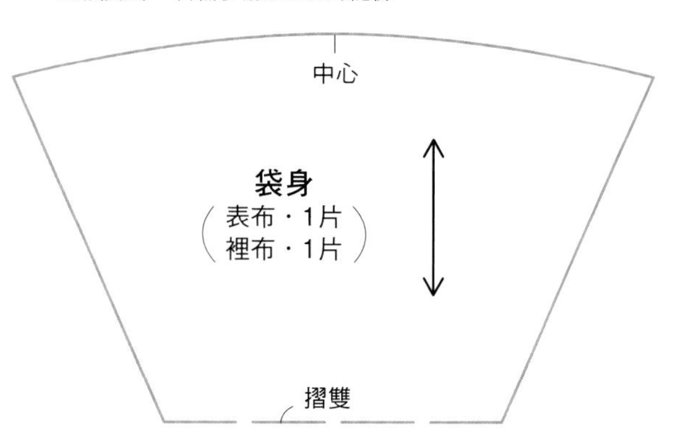

29・30原寸紙型

※裁剪時，皆需多加0.7cm的縫份

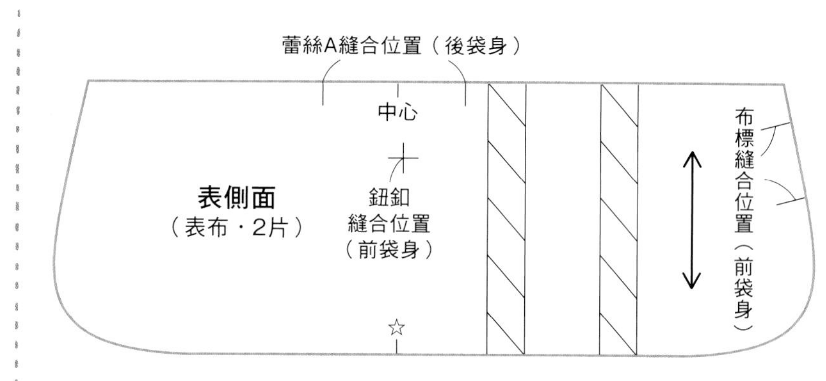

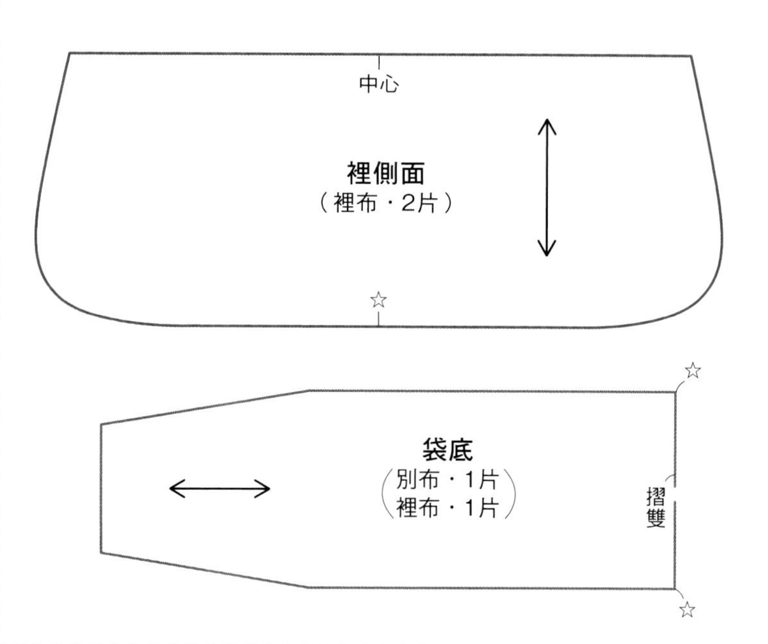

31至35原寸紙型

※裁剪時，皆需多加0.7cm的縫份

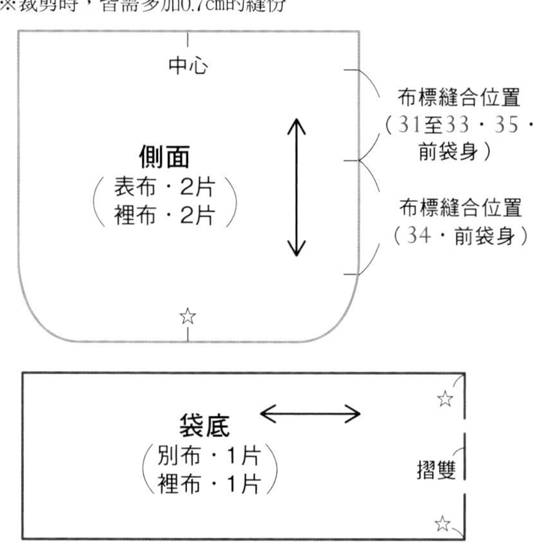

39至41原寸紙型

※除了指定處之外，裁剪時皆需多加○內數字的縫份

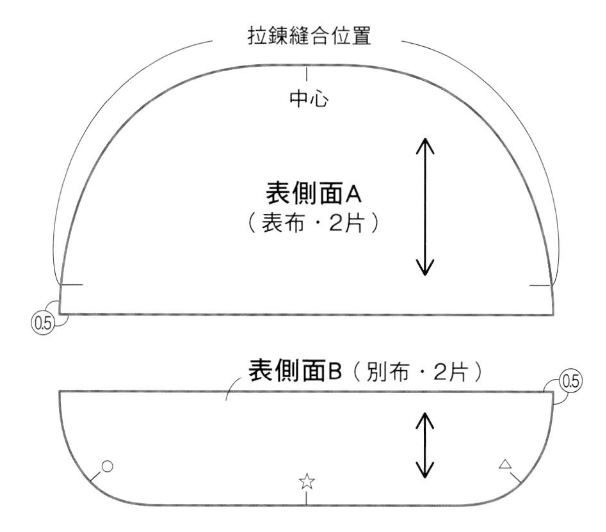

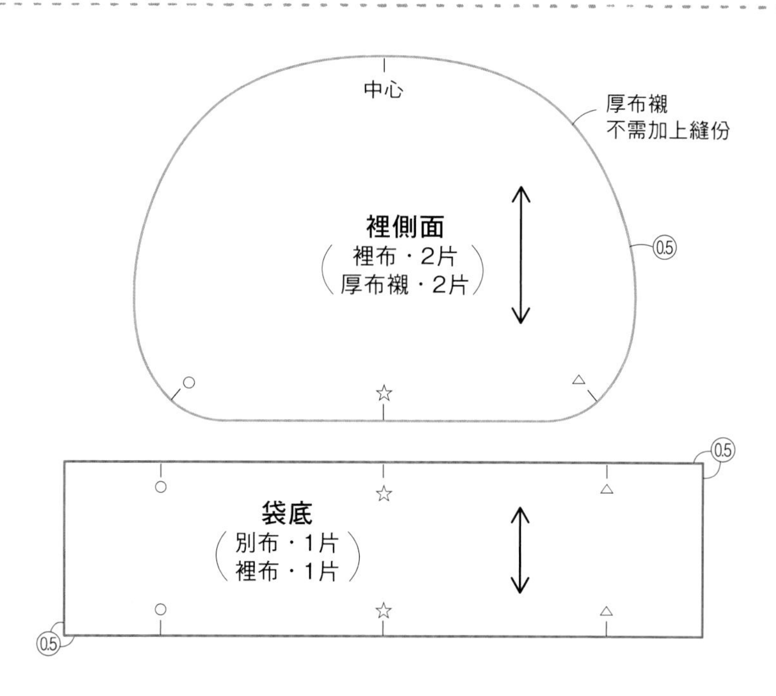

47至50原寸紙型

※除了指定處之外，裁剪時皆需多加○內數字的縫份

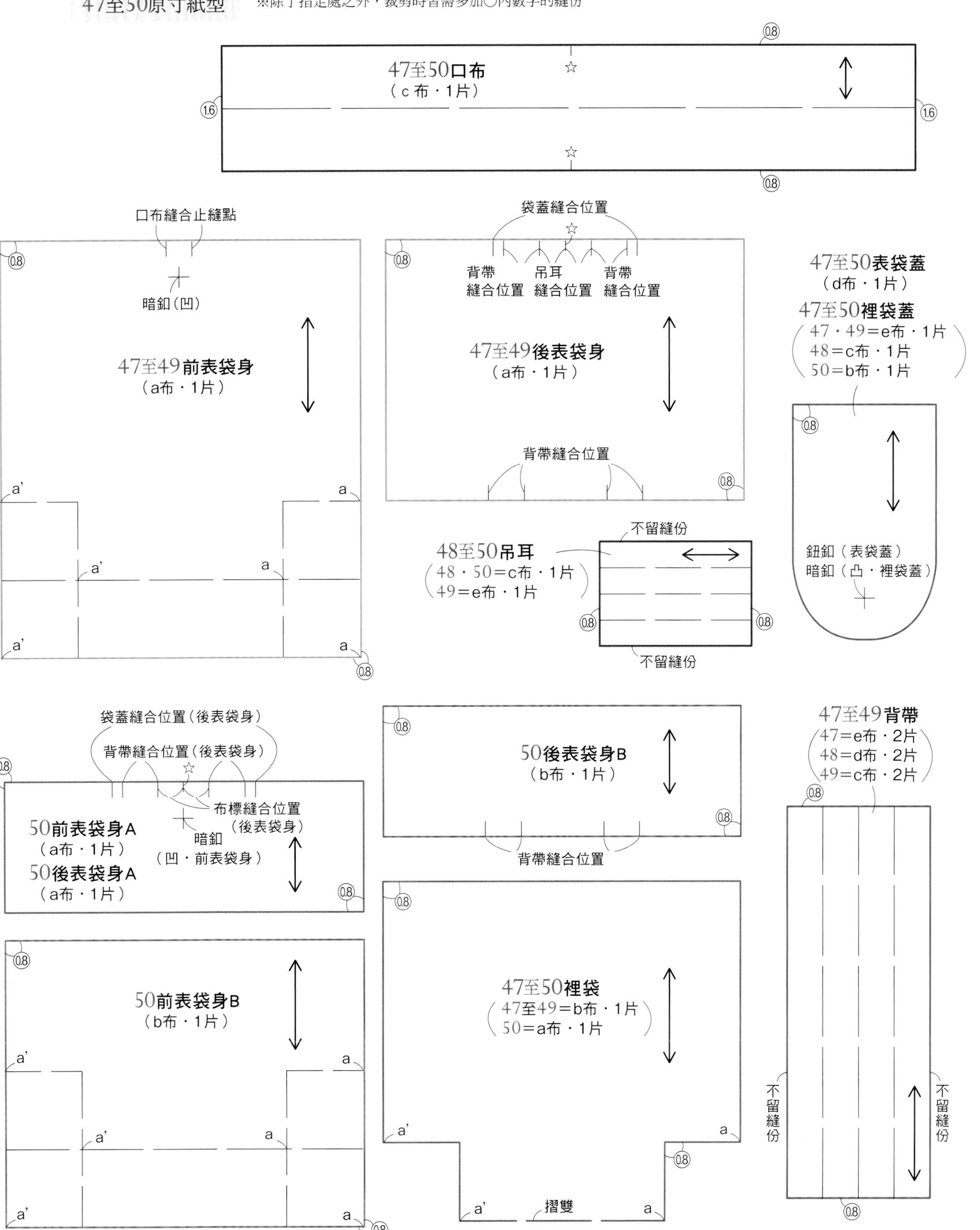

P.14 36至38 波士頓包

◆原寸紙型請見P.49

◆36

表布（點點亞麻布）…15cm×16cm
裡布（花朵棉布）…12cm×15cm
羅紋緞帶（寬0.5cm）…37cm
拉鍊（10cm）…1條

◆37

表布（格紋棉布）…15cm×16cm
裡布（花朵棉布）…12cm×15cm
羅紋緞帶（寬0.5cm）…37cm
拉鍊（10cm）…1條
字母織帶（寬0.8cm）…1.6cm
手工藝用接著劑

◆38

表布（格紋棉布）…15cm×16cm
裡布（花朵棉布）…12cm×15cm
皮革…1cm×2cm
皮繩（粗0.1cm）…8cm
羅紋緞帶（寬0.5cm）…37cm
拉鍊（10cm）…1條

作法　※單位＝cm

1 縫上提把

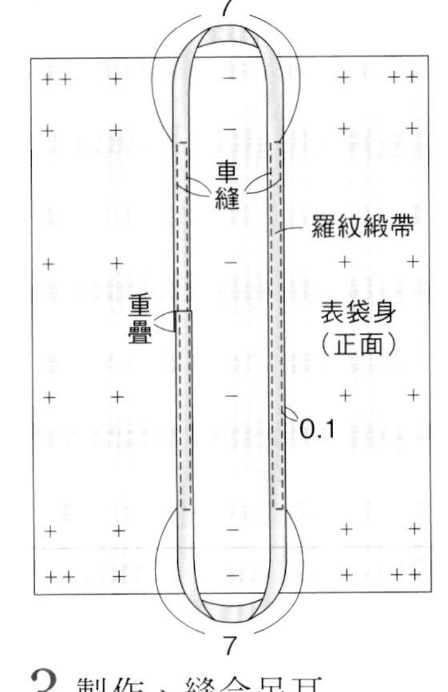

2 縫上拉鍊

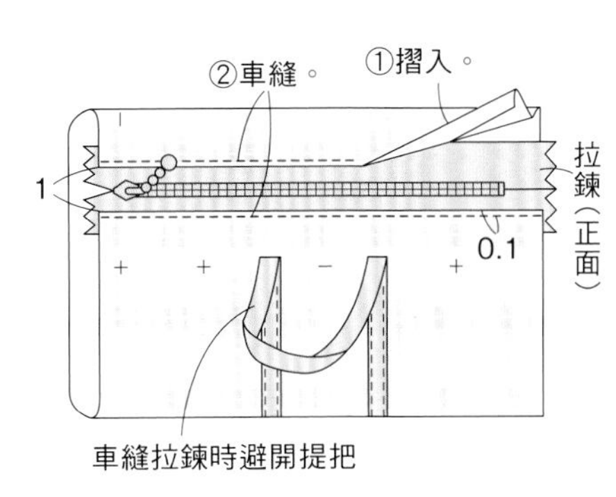

3 製作、縫合吊耳

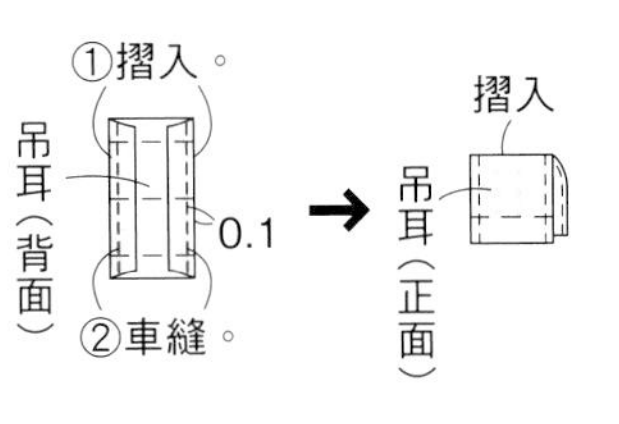

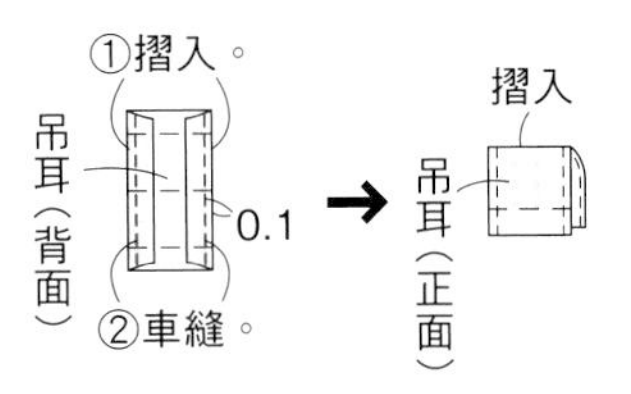

吊耳（正面）
平針縫
0.3
0.3
平針縫

4 縫合拉鍊兩側

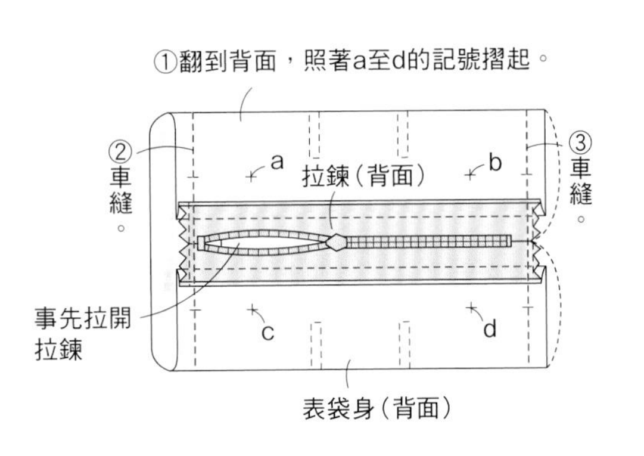

5 縫製袋底

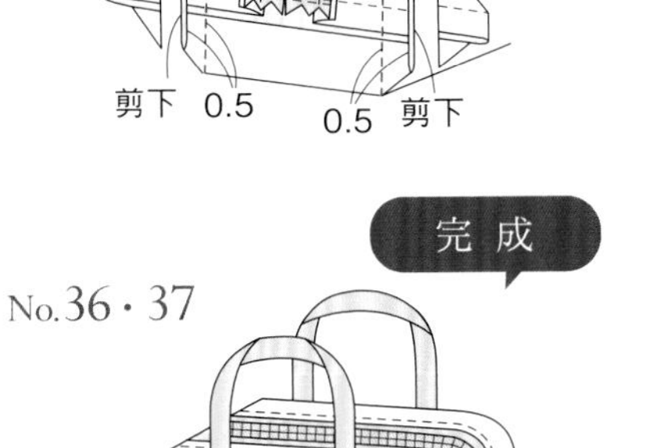

6 製作裡袋

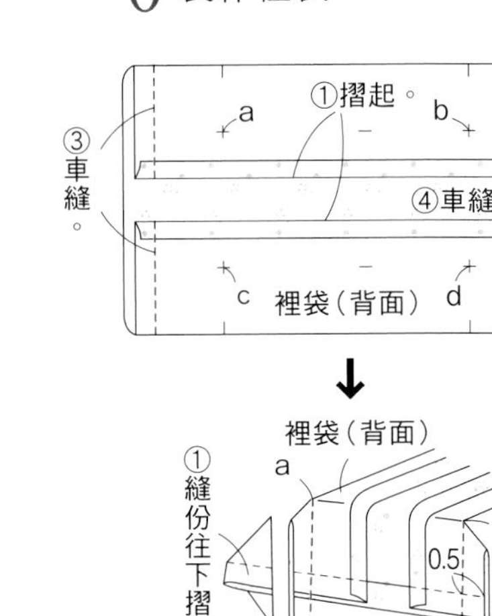

7 將裡袋縫於表袋身

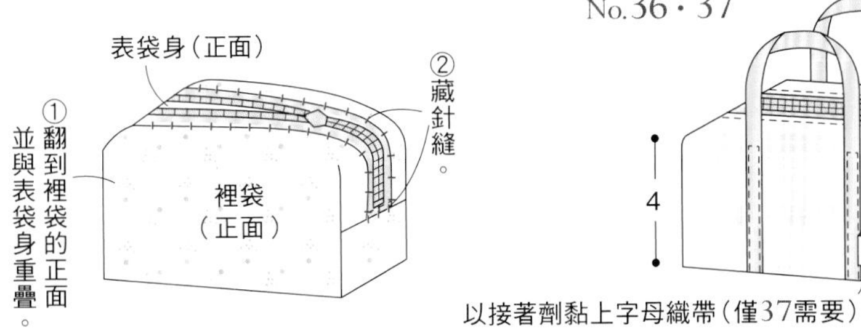

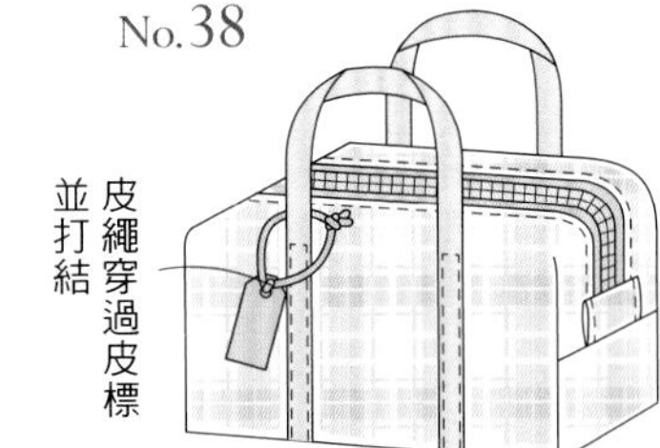

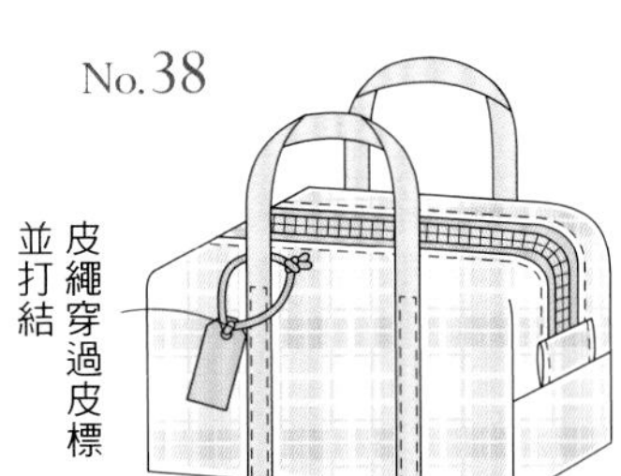

36至38原寸紙型

※除了指定處之外，裁剪時皆需多加○內數字的縫份

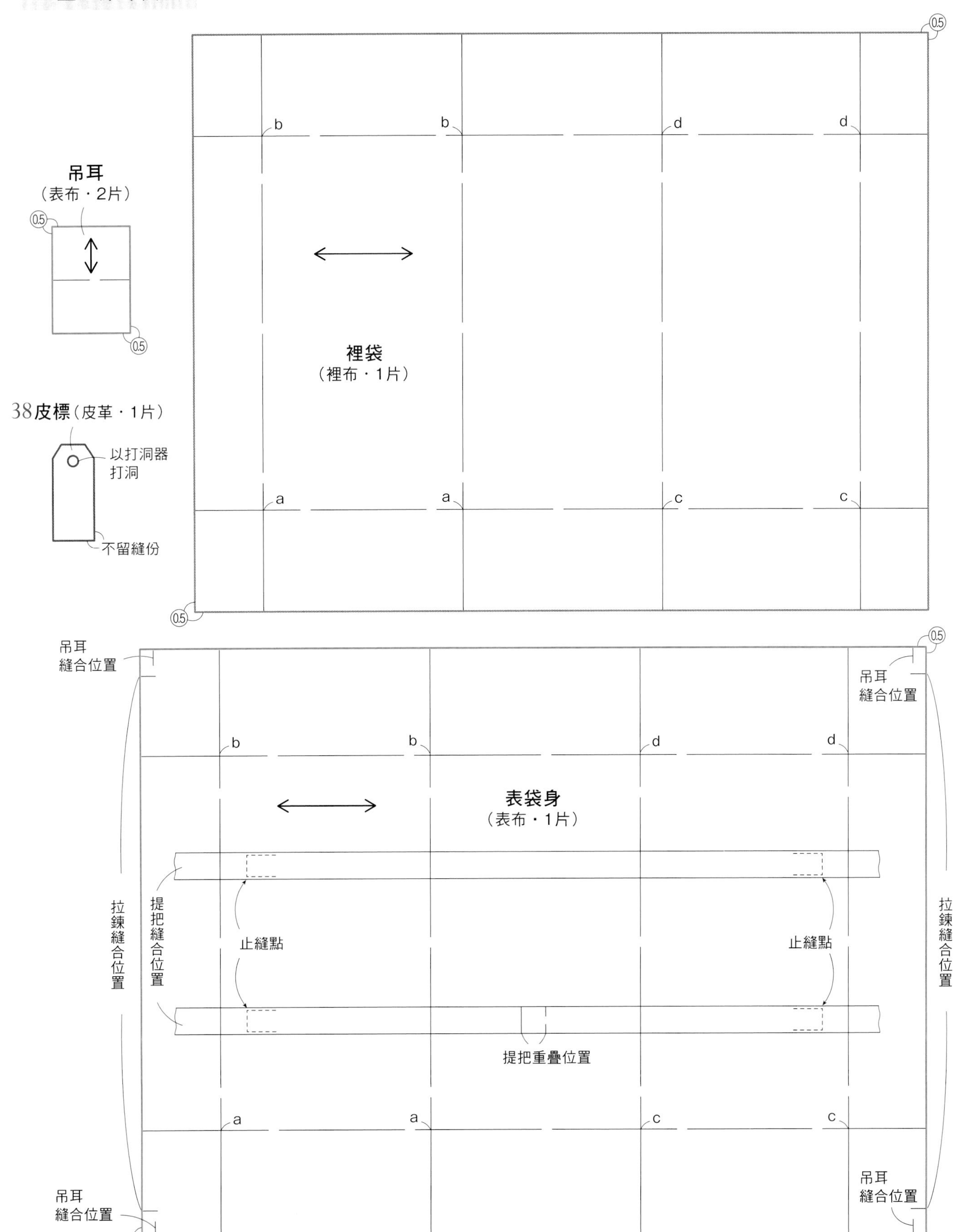

P.17 47至50 小小後背包

◆原寸紙型請見P.47

◆47
a布（印花棉布）…18cm×10cm
b布（素色亞麻布・原色）…9cm×16cm
c布（直條紋棉布）…18cm×5cm
d布（素色亞麻布・米色）…5cm×7cm
e布（點點棉布）…11cm×10cm
麻繩（寬0.4cm）…5cm
繩子（寬0.2cm）…25cm
字母織帶（寬1cm）…1.6cm
鈕釦（1cm）…1個
暗釦…1組

◆48
a布（素色棉布・米色）…18cm×10cm
b布（素色亞麻布・原色）…9cm×16cm
c布（素色棉布・咖啡色）…18cm×12cm
d布（點點棉布）…11cm×10cm
繩子（寬0.1cm）…25cm
鈕釦（0.7cm）…1個
暗釦…1組

◆49
a布（素色棉麻布・水藍色）…18cm×10cm
b布（素色亞麻布・原色）…9cm×16cm
c布（素色棉布・原色）…18cm×14cm
d布（直條紋棉布）…5cm×7cm
e布（點點棉布）…7cm×7cm
繩子（粗0.1cm）…25cm
鈕釦（0.7cm）…1個
暗釦…1組

◆50
a布（素色亞麻布・原色）…18cm×16cm
b布（素色亞麻布・粉紅色）…18cm×12cm
c布（素色亞麻布・水藍色）…18cm×9cm
d布（直條紋棉布）…5cm×7cm
織帶（寬0.7cm）…9.5cm×2條
繩子（粗0.2cm）…25cm
鈕釦（心形・0.7cm）…1個
暗釦…1組

47至49

※單位＝cm

1 製作背帶

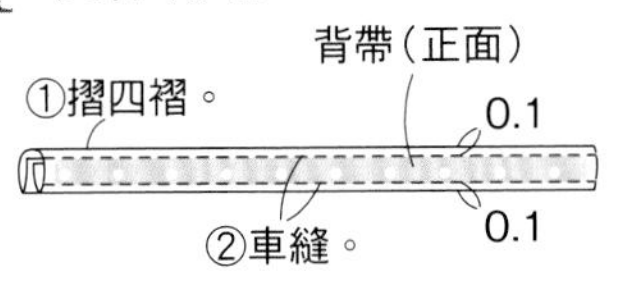

2 製作吊耳（僅48・49需要）

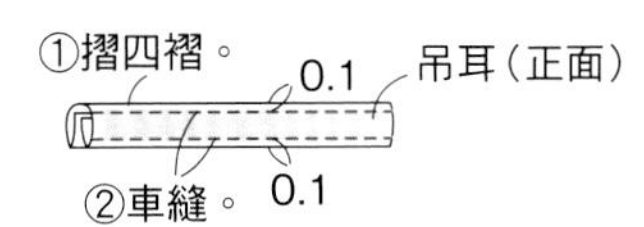

3 縫上背帶，並縫合前、後表袋身

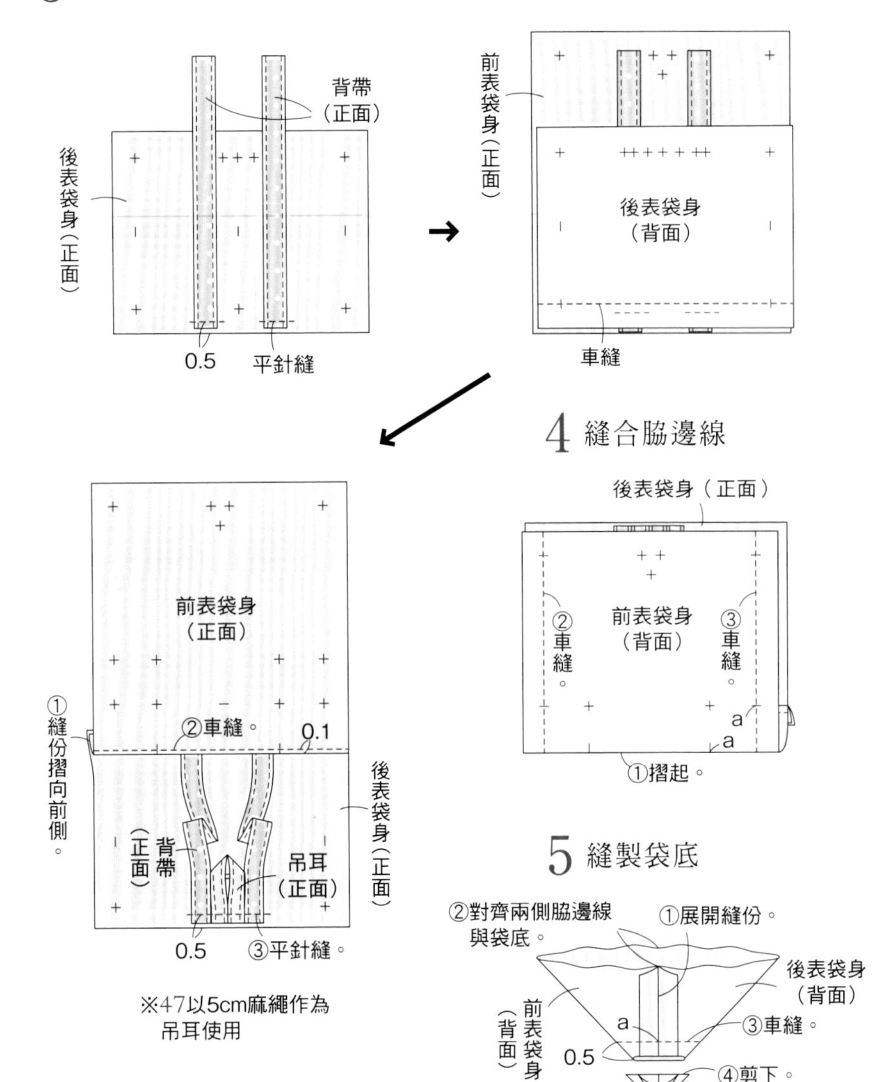

6 製作並縫合袋蓋

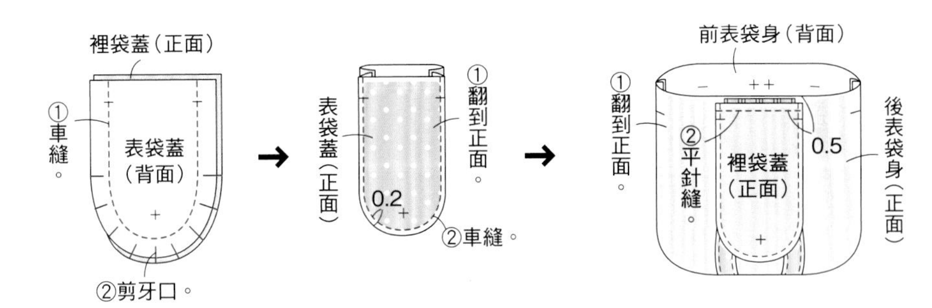

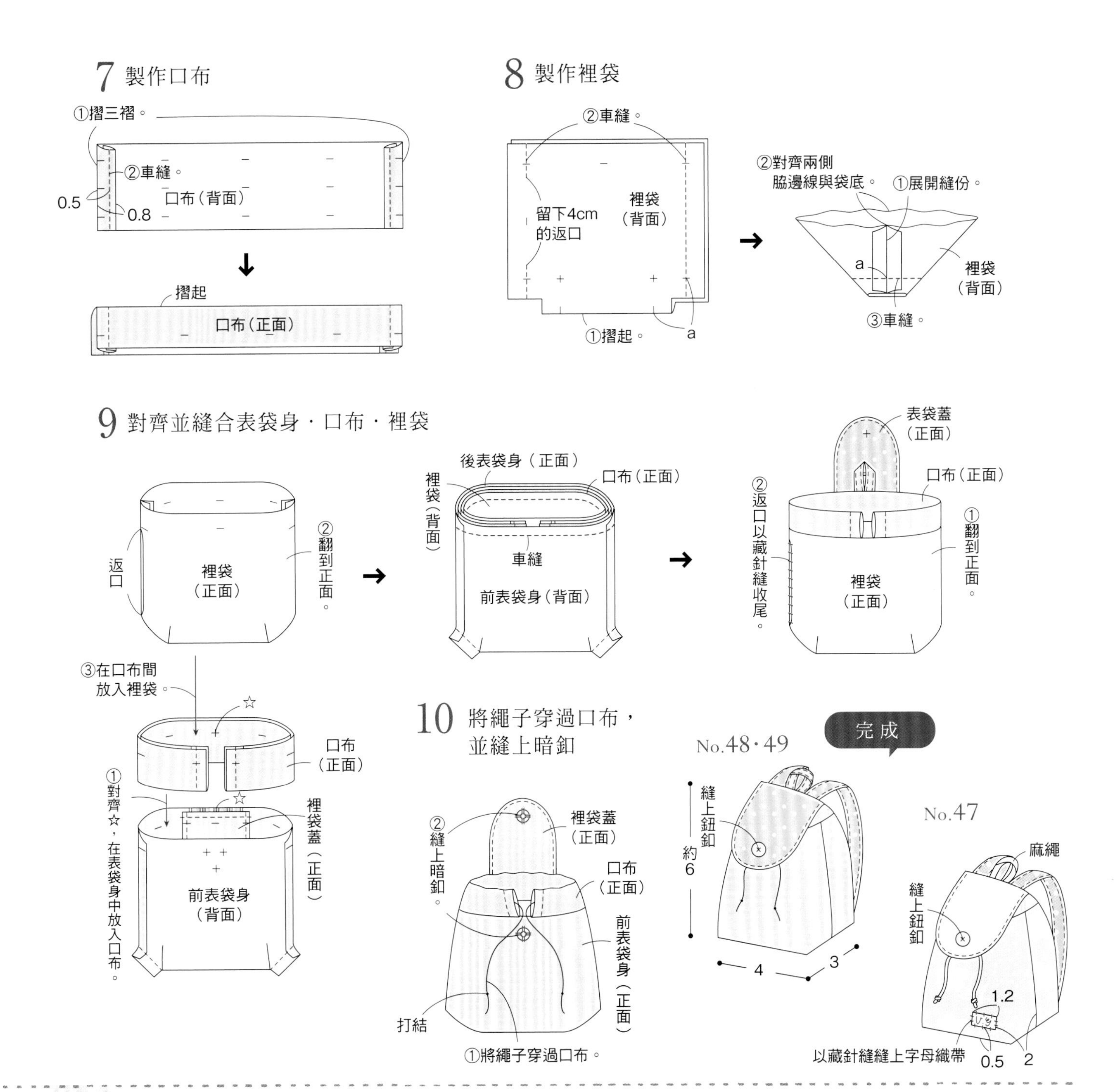
7 製作口布
①摺三褶。
②車縫。
0.5
0.8
口布（背面）
摺起
口布（正面）
8 製作裡袋
②車縫。
留下4cm的返口
裡袋（背面）
①摺起。
a
②對齊兩側脇邊線與袋底。
①展開縫份。
a
裡袋（背面）
③車縫。
9 對齊並縫合表袋身・口布・裡袋
返口
裡袋（正面）
②翻到正面。
後表袋身（正面）
裡袋（背面）
口布（正面）
車縫
前表袋身（背面）
表袋蓋（正面）
口布（正面）
②返口以藏針縫收尾。
①翻到正面。
裡袋（正面）
③在口布間放入裡袋。
☆
口布（正面）
①對齊☆，在表袋身中放入口布。
☆
裡袋蓋（正面）
前表袋身（背面）
10 將繩子穿過口布，並縫上暗釦
②縫上暗釦。
裡袋蓋（正面）
口布（正面）
前表袋身（正面）
打結
①將繩子穿過口布。
完成
No.48・49
縫上鈕釦
約6
4
3
No.47
麻繩
縫上鈕釦
1.2
以藏針縫縫上字母織帶
0.5
2

50 ※單位＝cm

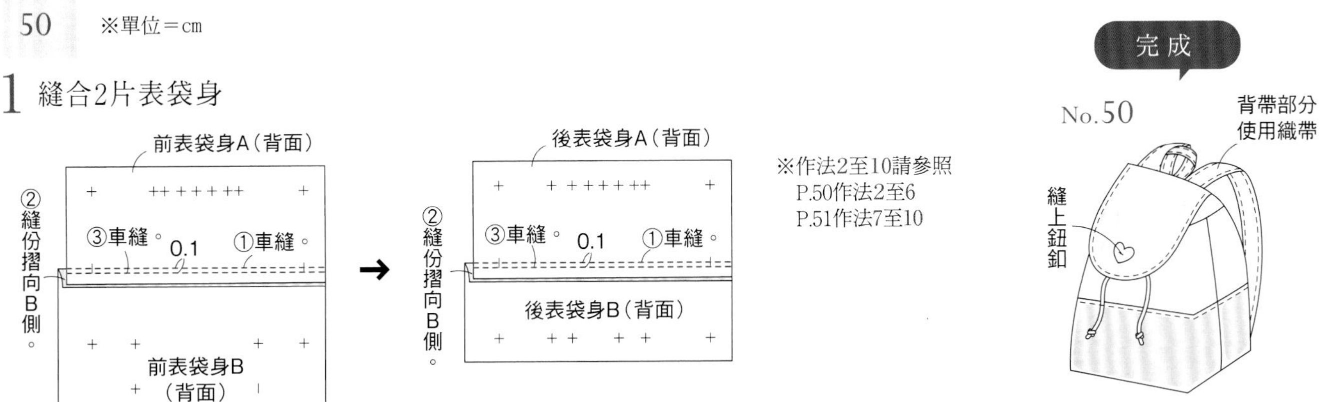
1 縫合2片表袋身
前表袋身A（背面）
②縫份摺向B側。
③車縫。
0.1
①車縫。
前表袋身B（背面）
後表袋身A（背面）
②縫份摺向B側。
③車縫。
0.1
①車縫。
後表袋身B（背面）
※作法2至10請參照
P.50作法2至6
P.51作法7至10
完成
No.50
背帶部分使用織帶
縫上鈕釦

P.18 51至54 半圓形手提箱

作法　※單位＝cm

◆原寸紙型請見P.54

◆51

a布（格紋棉布）…10cm×5cm
b布（點點棉布）…13cm×10cm
c布（印花棉布）…4cm×3cm
皮繩（寬0.2cm）…3cm
織帶（寬0.3cm）…30cm
半圓金屬釦（0.2cm・銀色）…2個
厚紙板…13cm×6cm
手工藝用接著劑

◆52

a布（花朵棉布）…10cm×5cm
b布（點點棉布）…13cm×10cm
皮繩（寬0.2cm）…3cm
水兵緞帶（寬0.2cm）…30cm
蕾絲（寬1.7cm）…4cm
半圓金屬釦（0.2cm・銀色）…2個
厚紙板…13cm×6cm
手工藝用接著劑

◆53

a布（格紋棉布）…10cm×5cm
b布（心型印花棉布）…13cm×3cm
c布（點點棉布）…9cm×8cm
皮繩（寬0.2cm）…3cm
水兵緞帶（寬0.2cm）…30cm
蕾絲（寬1.7cm）…4cm
半圓金屬釦（0.2cm・銀色）…2個
厚紙板…13cm×6cm
手工藝用接著劑

◆54

a布（花朵棉布）…9cm×4cm
b布（點點棉布）…9cm×8cm
c布（印花棉布）…13cm×3cm
皮繩（寬0.2cm）…3cm
水兵緞帶（寬0.2cm）…20cm
蕾絲（寬1.7cm）…4cm
半圓金屬釦（0.2cm・銀色）…2個
厚紙板…13cm×6cm
手工藝用接著劑

1 以厚紙板製作基底

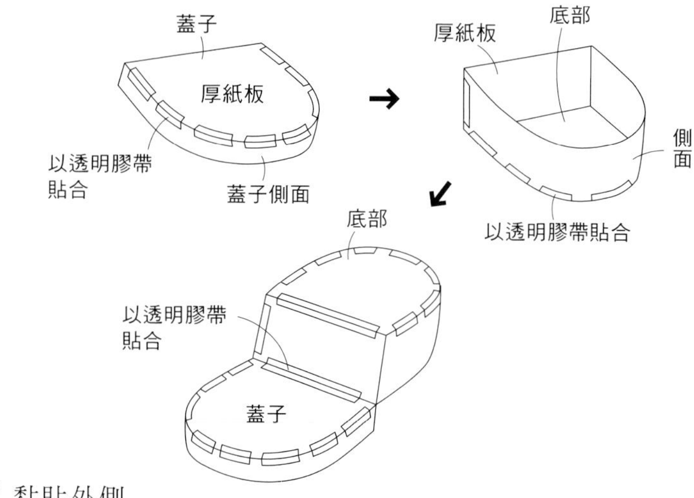

2 黏貼外側

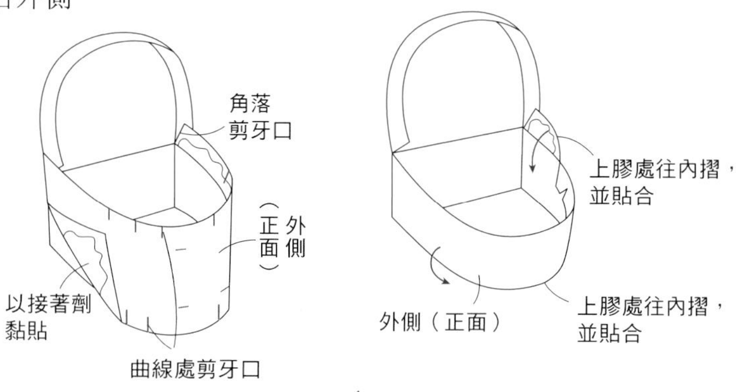

3 貼上表底

4 貼上外蓋

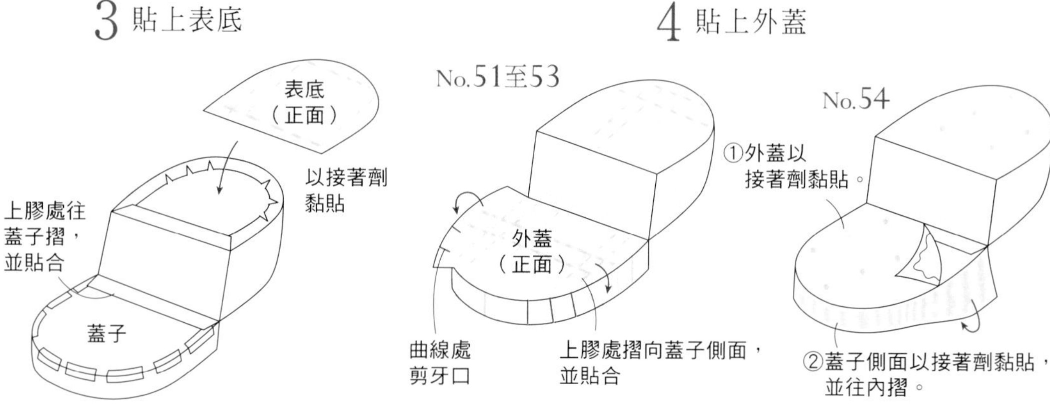

5 貼內側

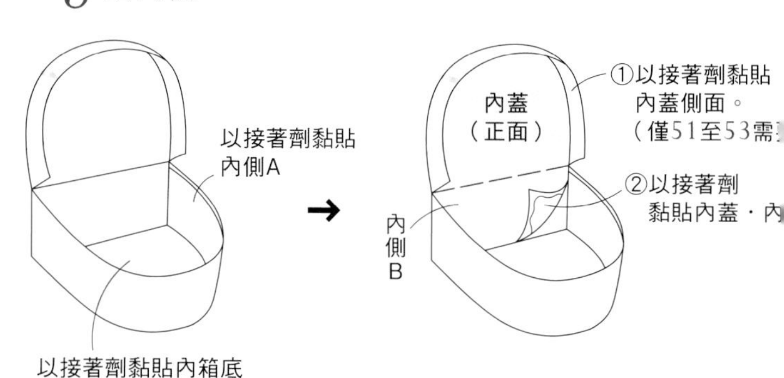

6 貼上裝飾布（51）與蕾絲（52至54）

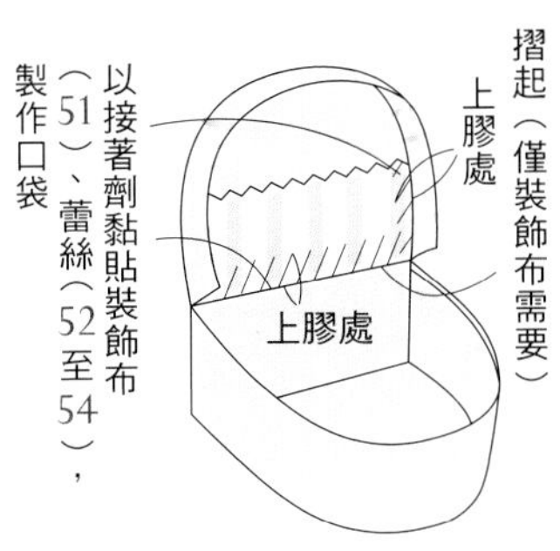

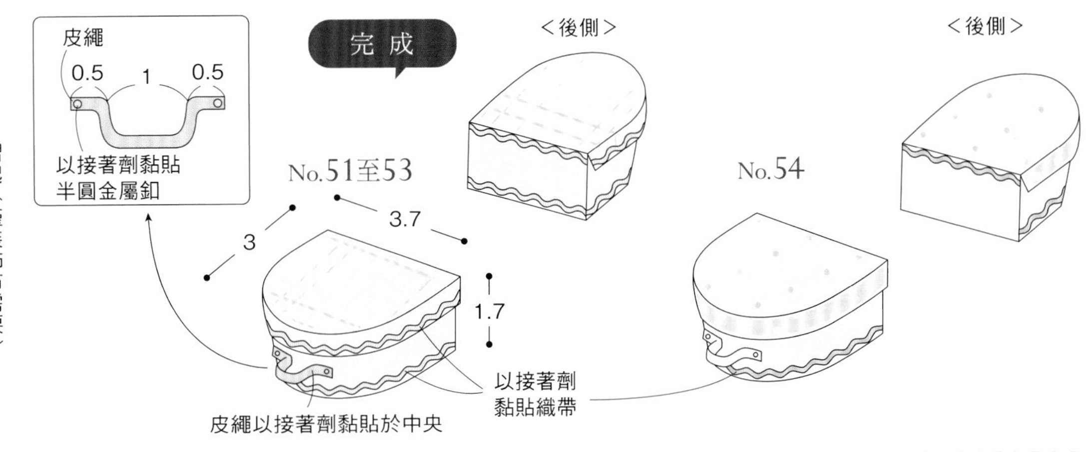

P.19 55至58 長方形手提箱

◆原寸紙型請見P.54

◆ 55至57（1個的用量）

表布（55＝印花棉布・56・57＝花朵棉布）…16cm×8cm
裡布（點點棉布）…12cm×8cm
蕾絲（55、56＝寬1.3cm、57＝寬2.5cm）…5cm
55＝水兵緞帶、56＝粉紅色緞帶、57＝織帶（寬0.3cm）…13cm
皮繩（寬0.3cm）…3cm
半圓金屬釦（0.2cm・55、57＝銀色、56＝金色）…2個
圓環（0.5cm）…1個
吊飾（鎖頭・鑰匙）…各1個
厚紙板…16cm×6cm
手工藝用接著劑

◆ 58

表布（印花棉布）…16cm×8cm
配布（點點棉布）…12cm×3cm
裡布（素色亞麻布・米色）…10cm×6cm
蕾絲（寬2cm）…5cm
皮繩（寬0.3cm）…3cm
半圓金屬釦（0.2cm・銀色）…2個
圓環（0.5cm）…1個
小吊飾（鎖頭・鑰匙）…各1個
厚紙板…16cm×6cm
手工藝用接著劑

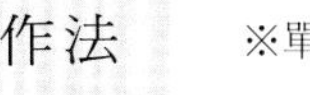

※單位＝cm

※作法1至3參考P.52、作法1至3

4 貼上外蓋

外蓋（正面）
曲線處剪牙口
上膠處摺向蓋子側面，並貼合

5 貼內側

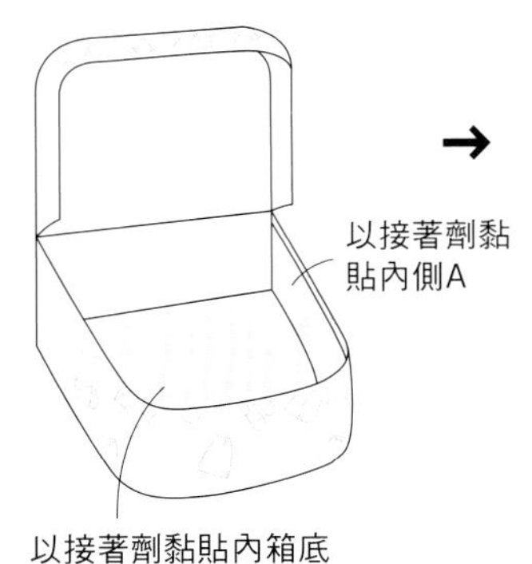

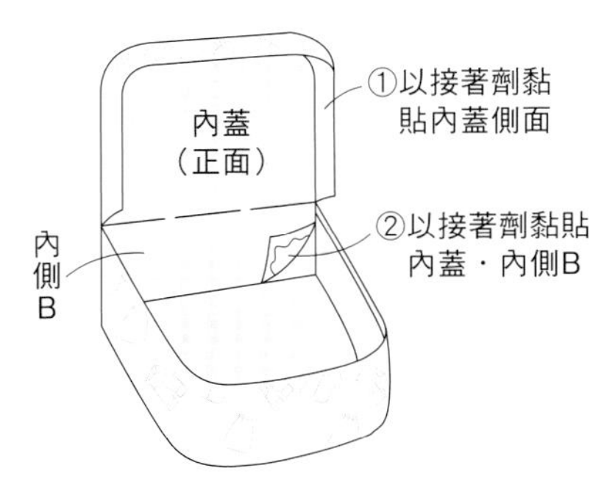

6 貼上蕾絲

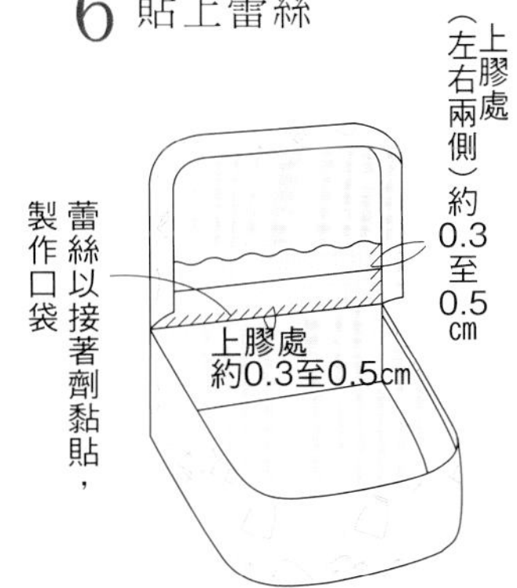

完成

4.5
3.5
1.7
皮繩以接著劑黏貼於中間
以接著劑黏貼織帶（55至57）
裝上圓環並掛上吊飾

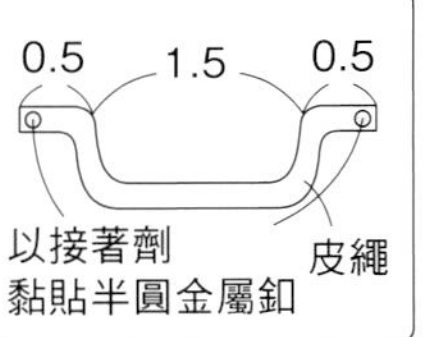

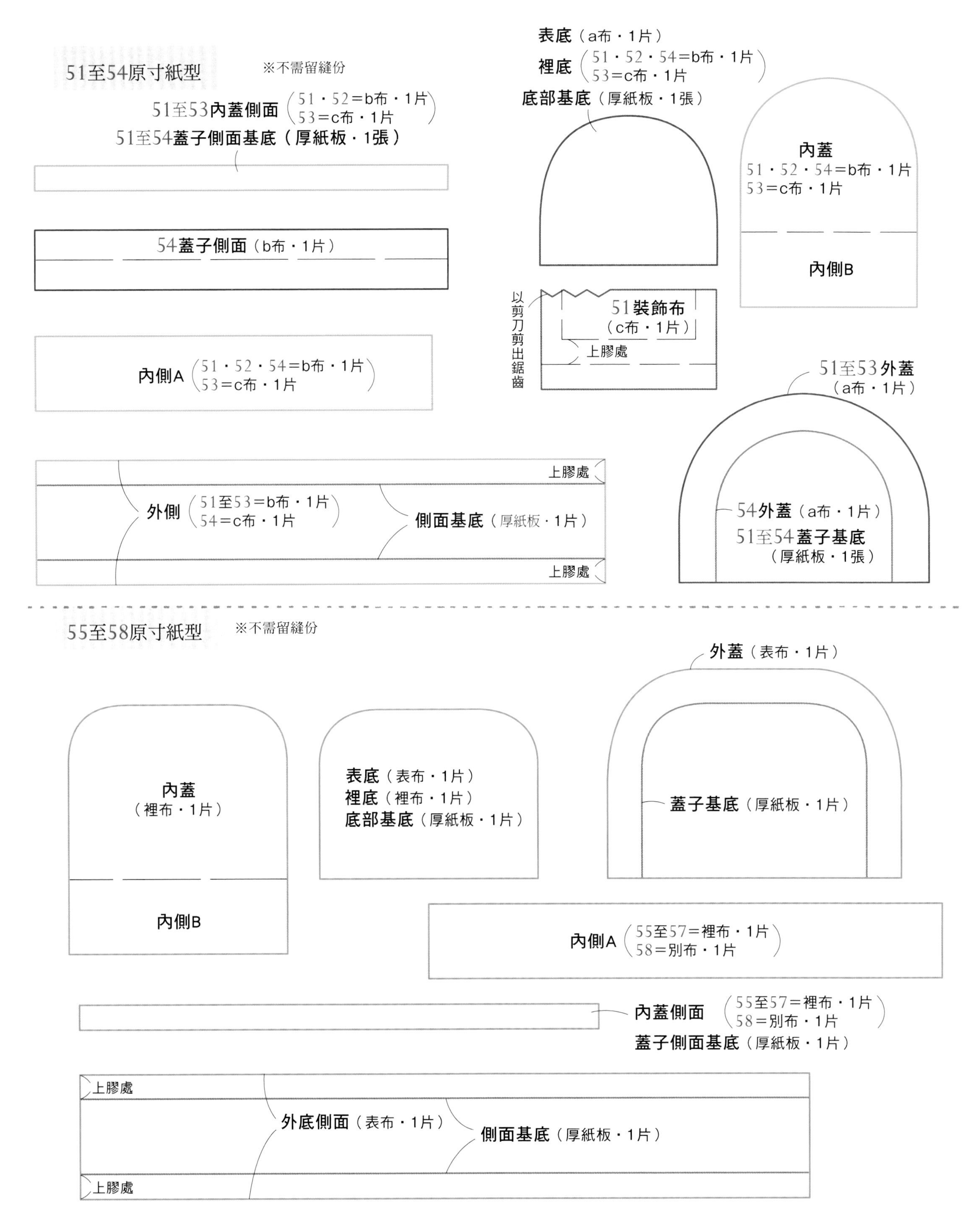
51至54原寸紙型
※不需留縫份
51至53內蓋側面（51・52＝b布・1片 53＝c布・1片）
51至54蓋子側面基底（厚紙板・1張）
54蓋子側面（b布・1片）
內側A（51・52・54＝b布・1片 53＝c布・1片）
外側（51至53＝b布・1片 54＝c布・1片）
側面基底（厚紙板・1片）
上膠處
上膠處
表底（a布・1片）
裡底（51・52・54＝b布・1片 53＝c布・1片）
底部基底（厚紙板・1張）
內蓋
51・52・54＝b布・1片
53＝c布・1片
內側B
以剪刀剪出鋸齒
51裝飾布
（c布・1片）
上膠處
51至53外蓋
（a布・1片）
54外蓋（a布・1片）
51至54蓋子基底
（厚紙板・1張）
55至58原寸紙型
※不需留縫份
外蓋（表布・1片）
內蓋
（裡布・1片）
內側B
表底（表布・1片）
裡底（裡布・1片）
底部基底（厚紙板・1片）
蓋子基底（厚紙板・1片）
內側A（55至57＝裡布・1片 58＝別布・1片）
內蓋側面（55至57＝裡布・1片 58＝別布・1片）
蓋子側面基底（厚紙板・1片）
上膠處
外底側面（表布・1片）
側面基底（厚紙板・1片）
上膠處

42至46原寸紙型

※除了指定處之外，裁剪時皆需多加○內數字的縫份

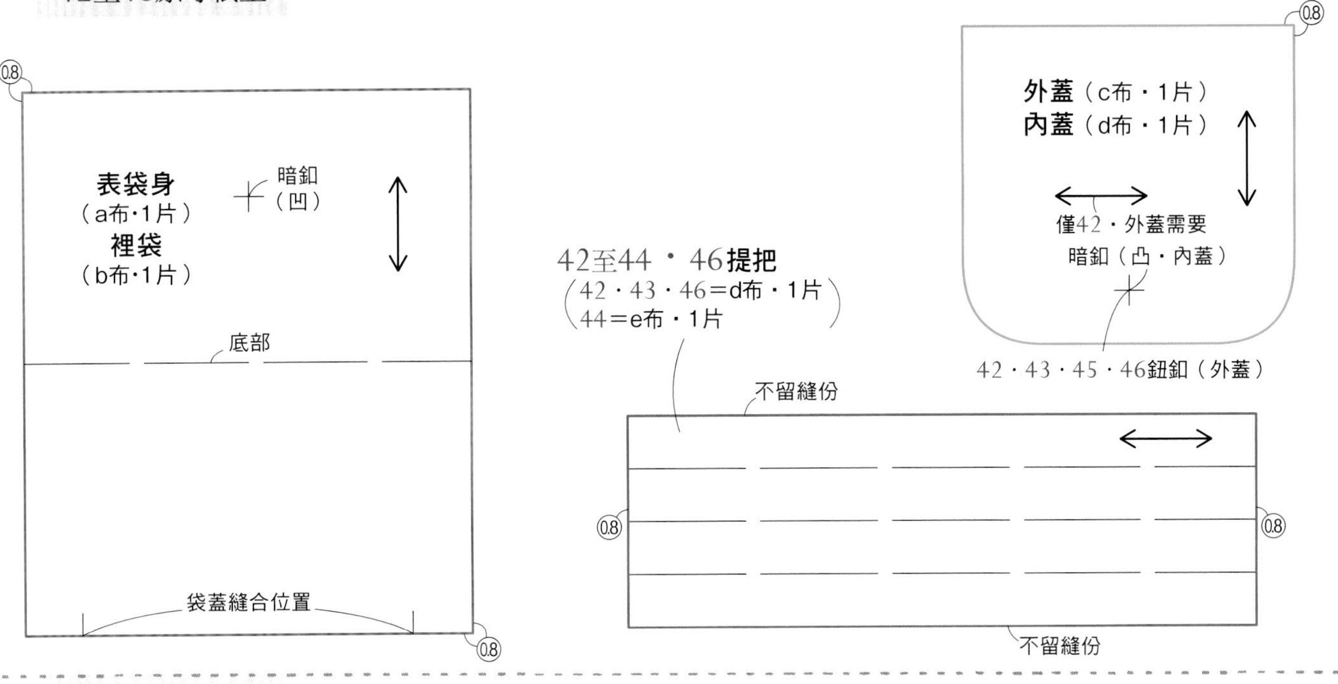

65至68原寸紙型

※除了指定處之外，裁剪時皆需多加○內數字的縫份

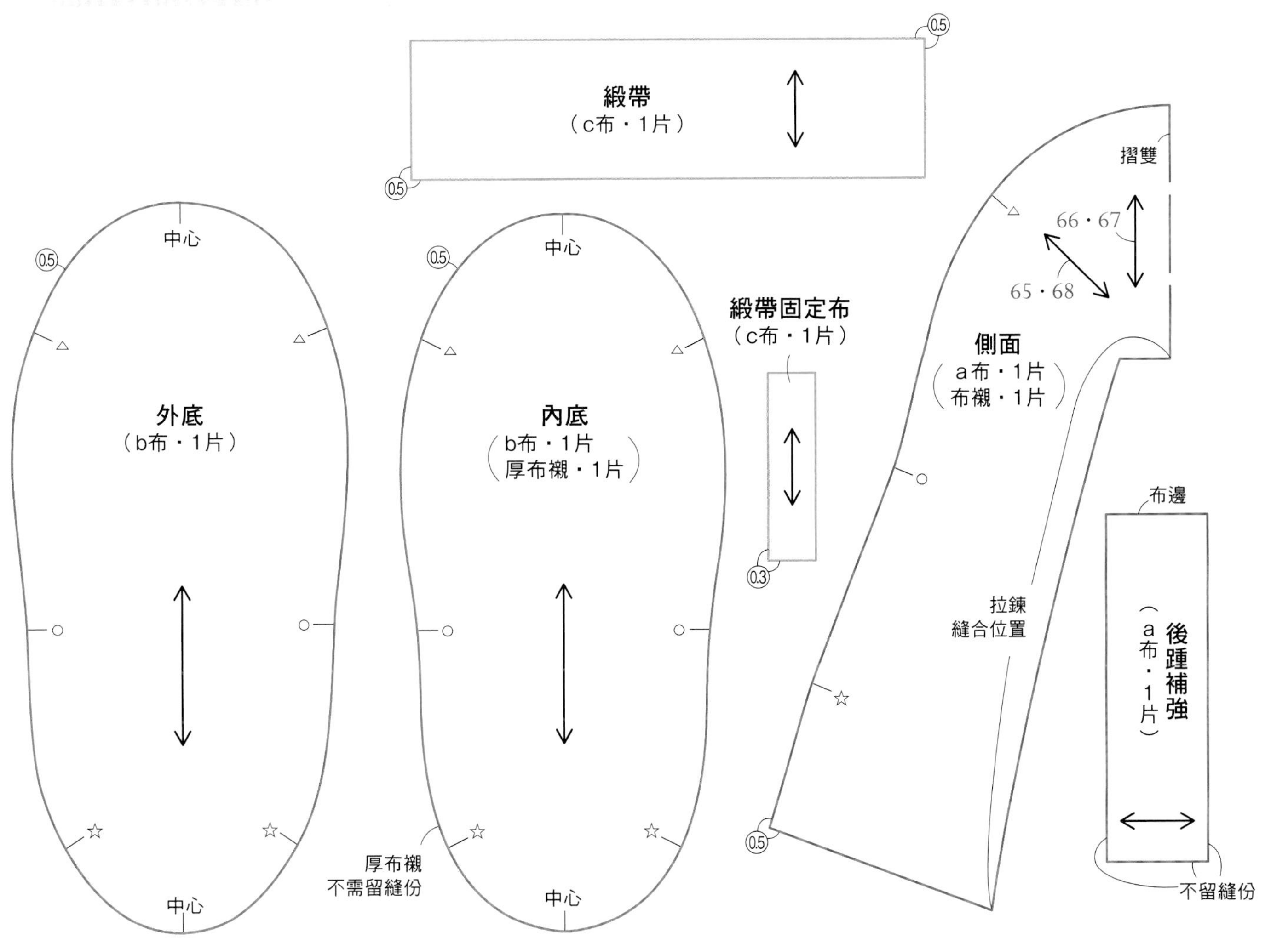

P.16 42至46 掀蓋式手提包

◆原寸紙型請見P.55

作法 ※單位＝cm

◆42・43・46（1個的用量）

a布（42＝點點棉布、43＝素色亞麻布・米色、46＝花朵棉布）
…8cm×10cm

b布（素色亞麻布・原色）…8cm×10cm

c布（42、46＝直條紋棉布、43＝花朵棉布）…7cm×7cm

d布（素色棉布・42＝水藍色、43＝粉紅色、46＝原色）
…12cm×11cm

鈕釦（0.8cm）…1個

暗釦…1組

◆44

a布（印花棉布）、b布（素色亞麻布・原色）…各8cm×10cm

c布（素色亞麻布・米色）、d布（直條紋棉布）…各7cm×7cm

e布（素色棉布・咖啡色）…3cm×11cm

字母織帶（寬0.8cm）…1.6cm

暗釦…1組

◆45

a（厚棉布）、b布（素色亞麻布・原色）…各8cm×10cm

c布（點點棉布）、d布（素色棉布・橘色）…各7cm×7cm

繩子（粗0.4cm）…18.5cm

鈕釦（花型・1cm）…1個

暗釦…1組

1 縫合表袋身脇邊線

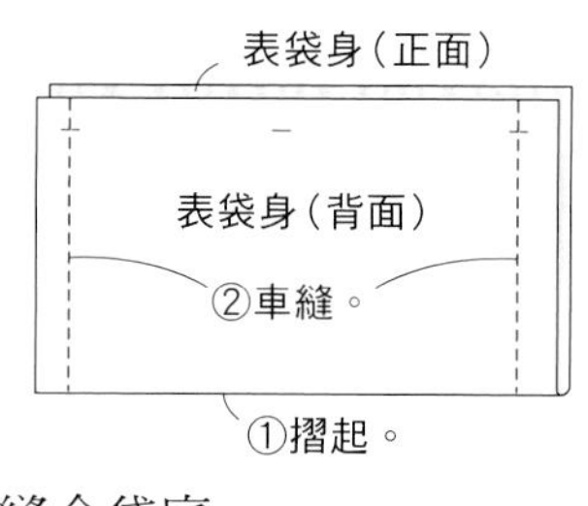

2 縫合裡袋脇邊線

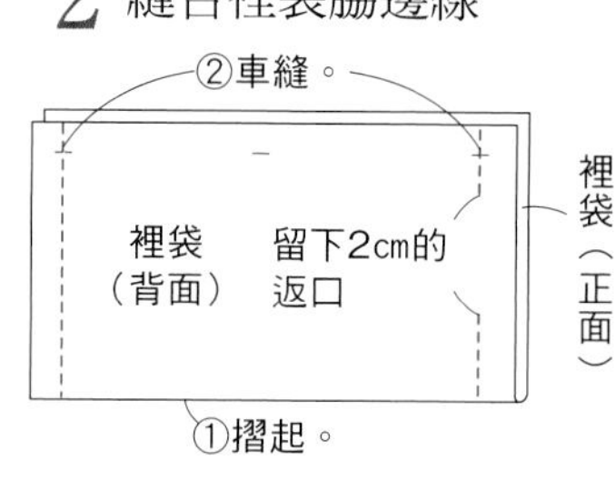

3 縫合袋底

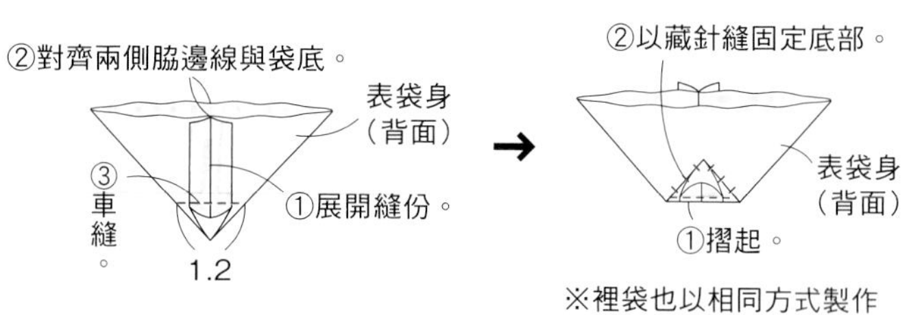

※裡袋也以相同方式製作

4 製作袋蓋

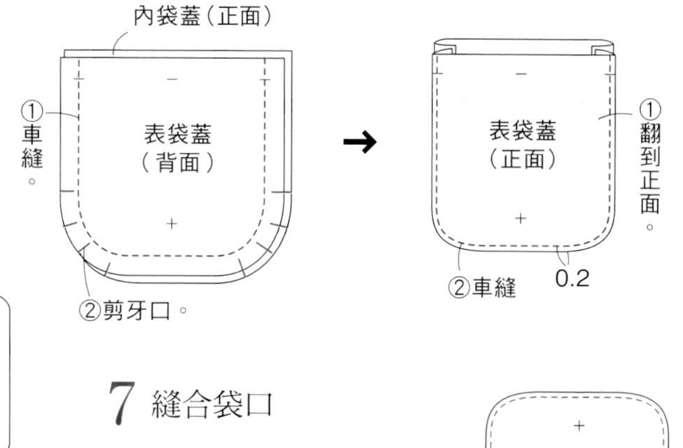

5 製作提把（僅42至44・46需要）

6 縫上袋蓋與背帶

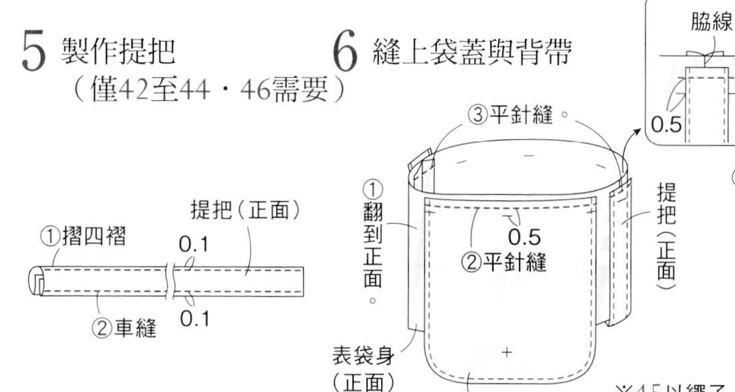

※45以繩子作為提把

7 縫合袋口

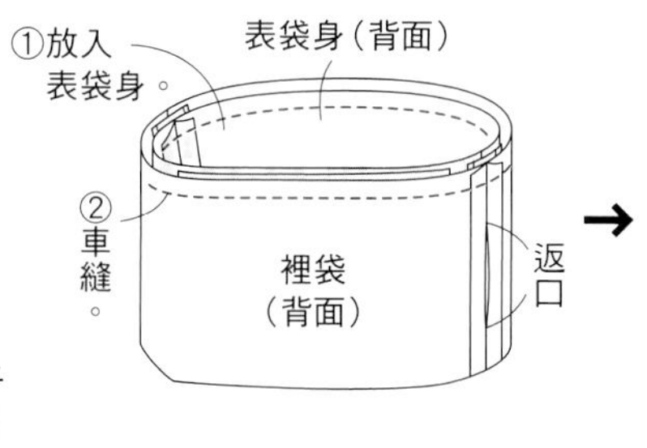

8 縫上暗釦

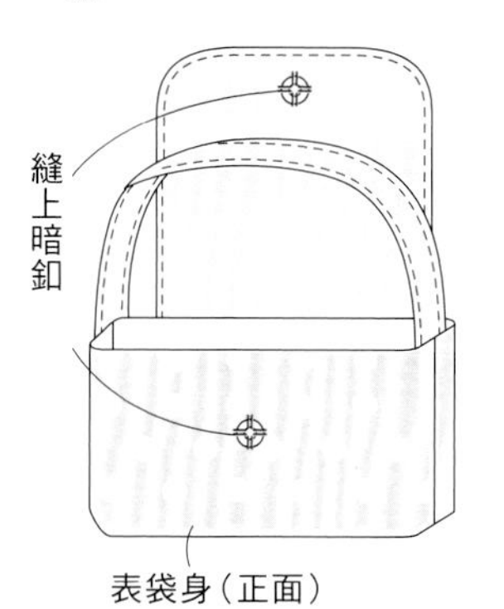

No.42至43・46

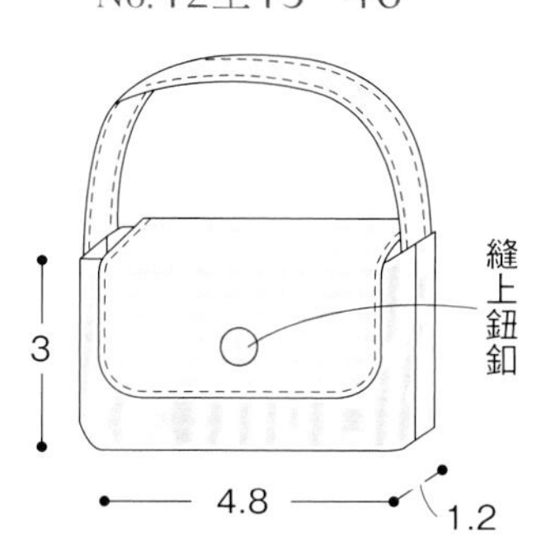

No.44　No.45

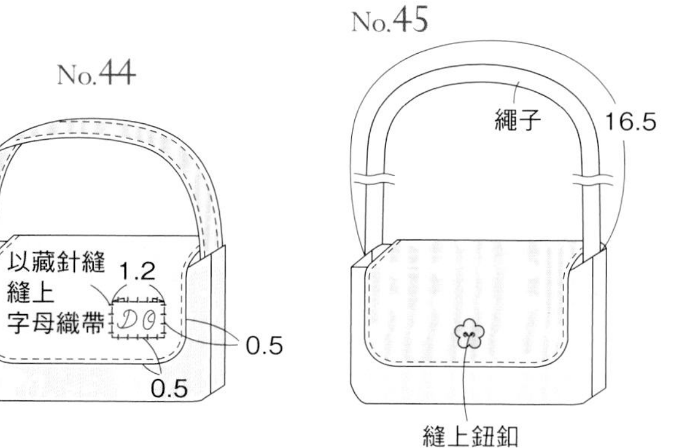

P.24 65至68 鞋型迷你收納包

作法 ※單位＝cm

◆原寸紙型請見P.55

◆65・68（1個的用量）

a布（格紋平織棉布）…15cm×14cm
b布（素色棉布・65＝藍色、68＝綠色）12cm×12cm
c布（花朵棉布）…11cm×4cm
布襯…14cm×14cm
厚布襯…5cm×11cm
織帶（寬0.4cm）…4cm
拉鍊（10cm）…1條
珠鍊（12cm）…1條（僅68需要）

◆66・67（1個的用量）

a布（66＝直條紋棉布、67＝點點棉布）…14cm×15cm
b布（素色棉布・66＝紅色、67＝黃色）…12cm×12cm
c布（66＝點點棉布、67＝花朵棉布）…11cm×4cm
布襯…14cm×14cm
厚布襯…5cm×11cm
織帶（寬0.4cm）…4cm
拉鍊（10cm）…1條
珠鍊（12cm）…1條（僅66需要）

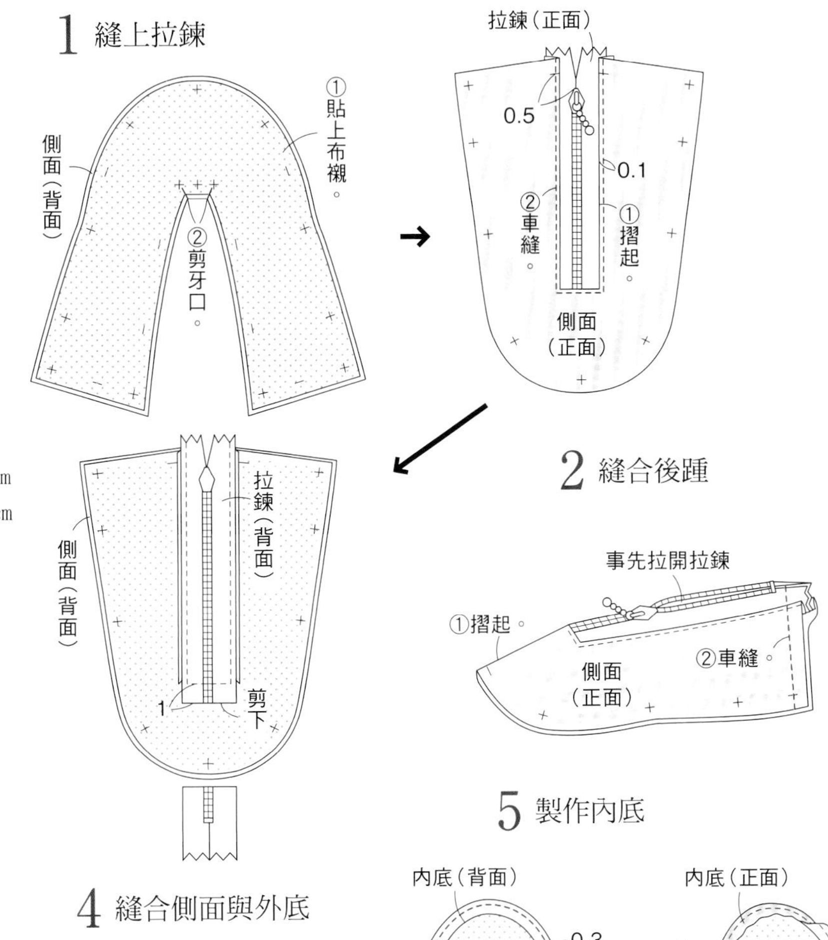

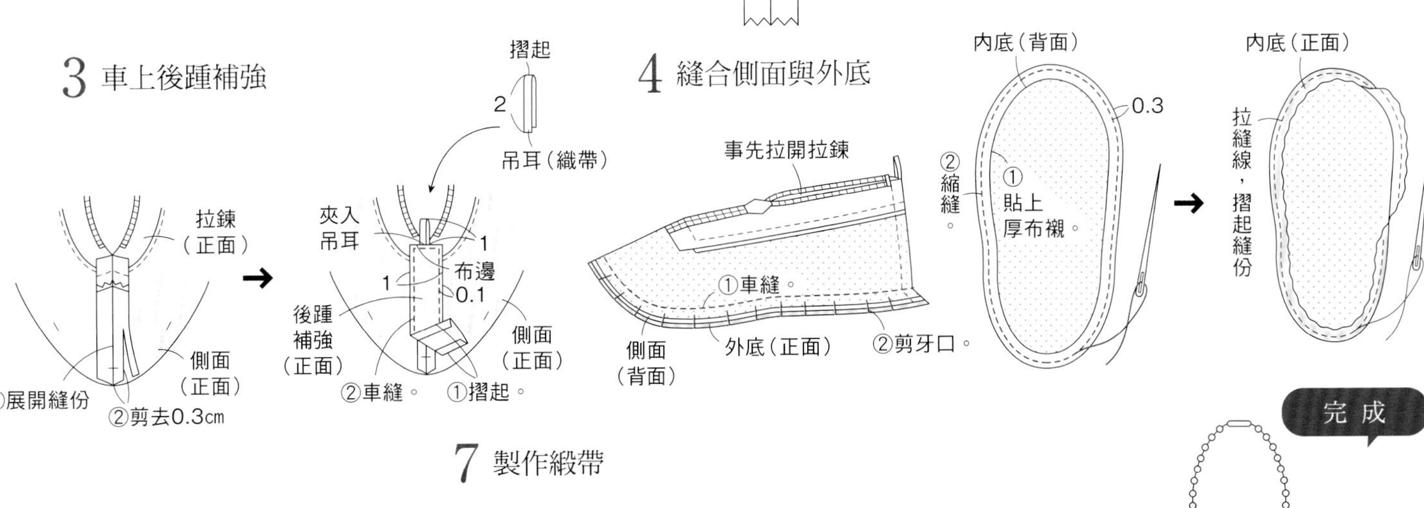

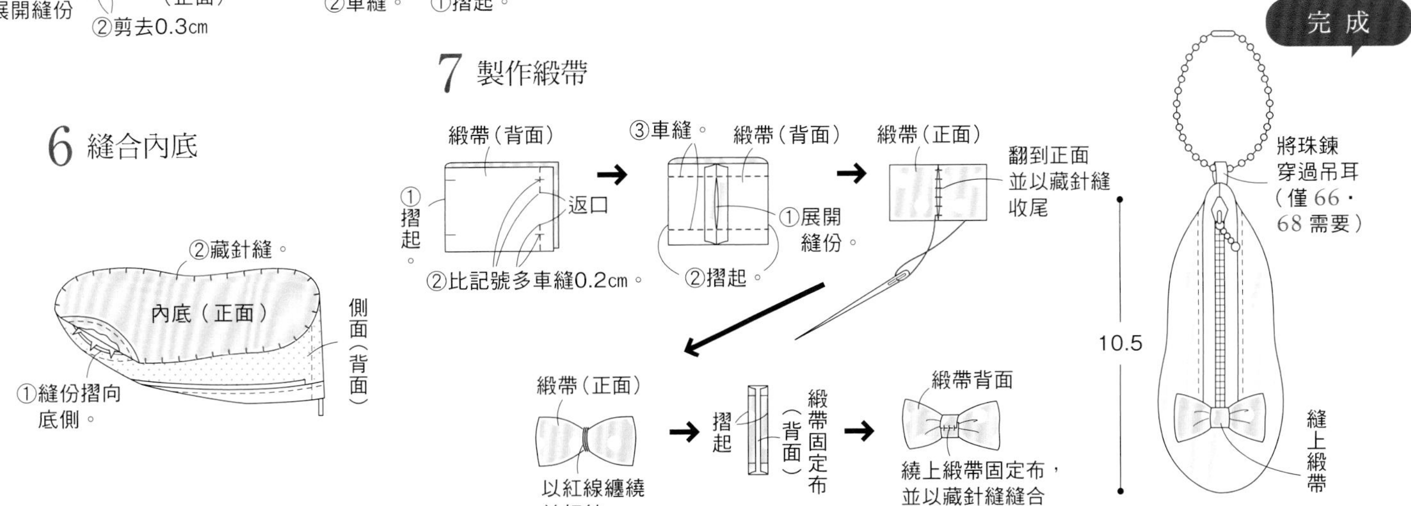

P.25 69・70 迷你娃娃鞋

◆69・70（1個的用量）

表布（點點棉布）…28cm×13cm

緞帶（寬0.3cm・69＝粉紅色、70＝水藍色）6.5cm×4條

作法

※單位＝cm

1 縫合後踵

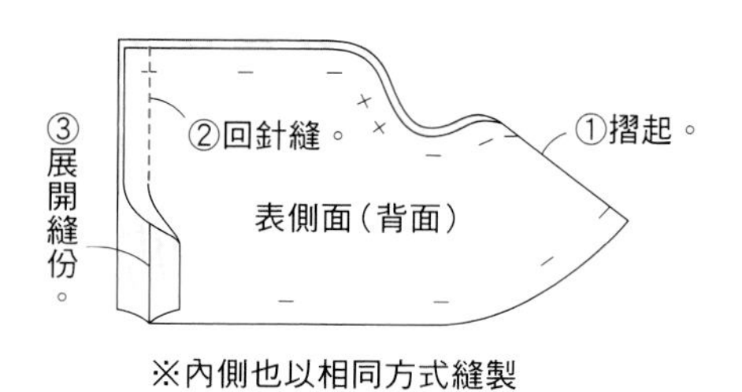

※內側也以相同方式縫製

2 縫合表側面與表底

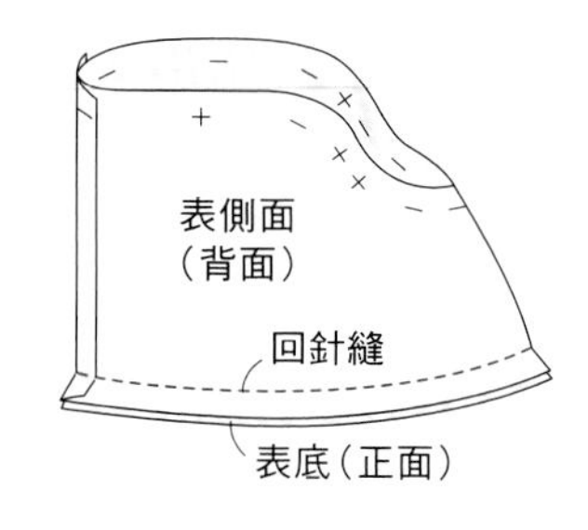

3 縫合裡側面與內底

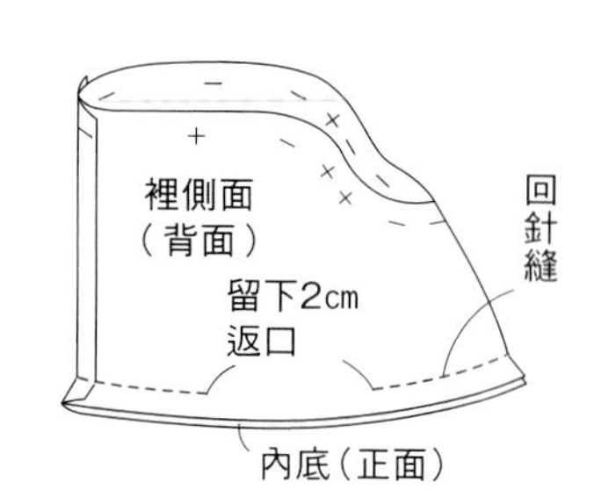

4 縫上緞帶

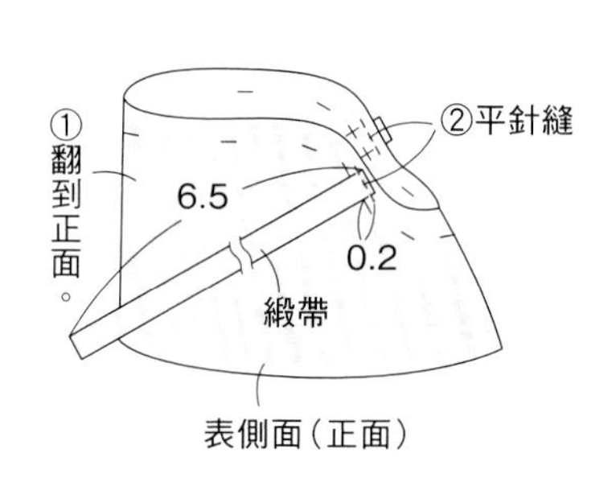

5 縫合外本體與內本體

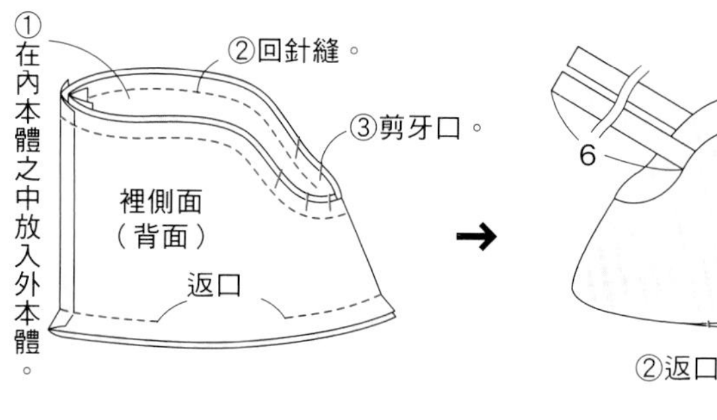

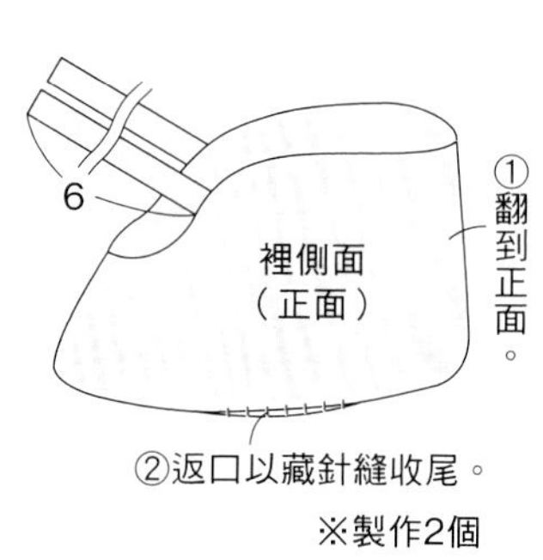

※製作2個

原寸紙型

※除了指定處之外，裁剪時皆需多加○內數字的縫份

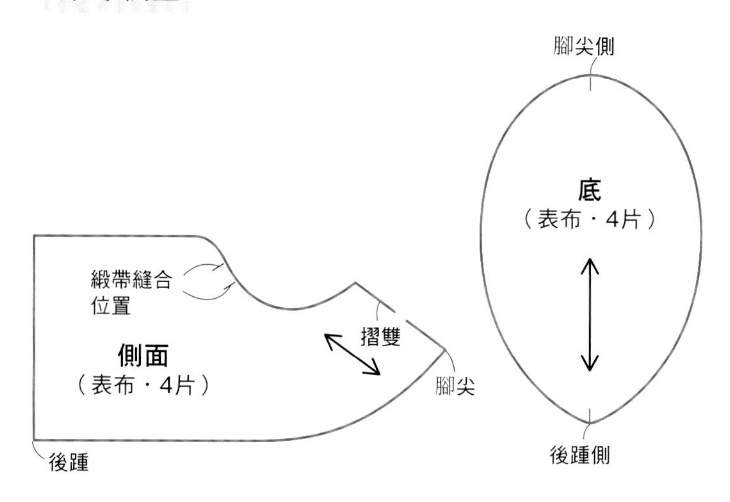

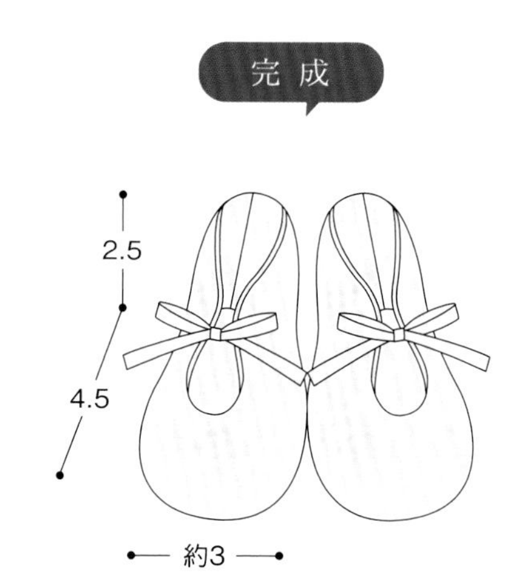

P.25 71・72 迷你娃娃鞋

◆71

表布（素色亞麻布・黃棕色）…28cm×7cm
裡布（LIBERTY花布）…28cm×10cm
麂皮繩（寬0.3cm）…1m
圓環A（0.4cm）…2個
圓環B（0.8cm）…1個
吊飾（幸運草）…1個
花型蕾絲（1.2cm）…2個

◆72

表布（素色亞麻布・黃棕色）…28cm×7cm
裡布（LIBERTY花布）…28cm×10cm
蕾絲（寬0.7cm）…20cm
圓環A（0.4cm）、圓環B（0.8cm）…各1個
鍊子（7cm）…1條
三孔別針（7.5cm）…1個
花型蕾絲（1.2cm）…2個

作法

※單位＝cm

1 縫合後踵

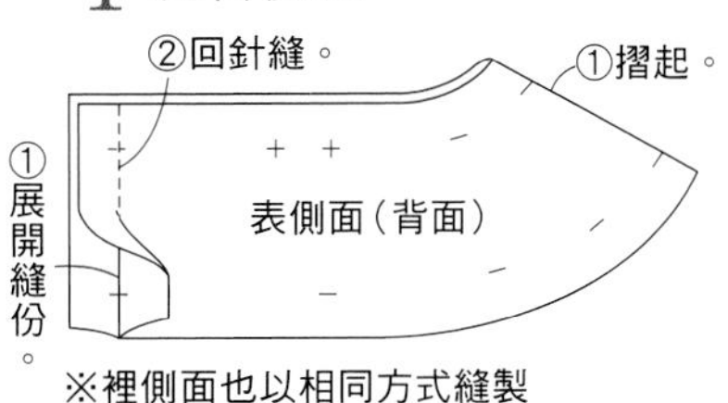

※裡側面也以相同方式縫製

2 縫合表側面與表底

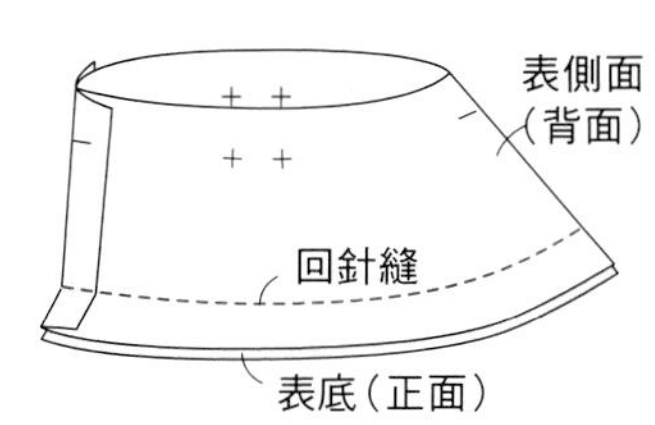

3 縫合裡側面與內底

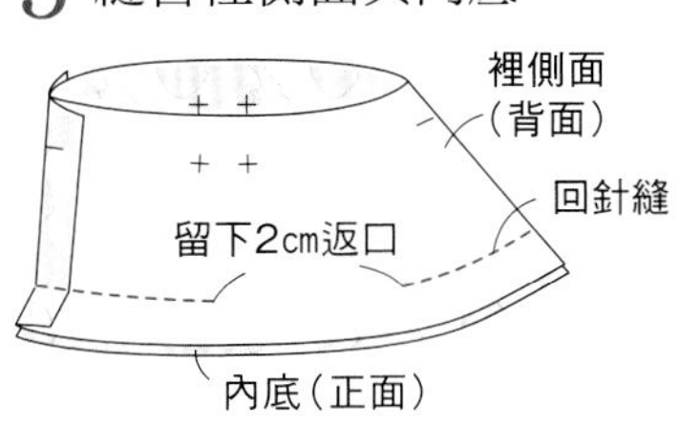

4 製作鞋帶與吊耳

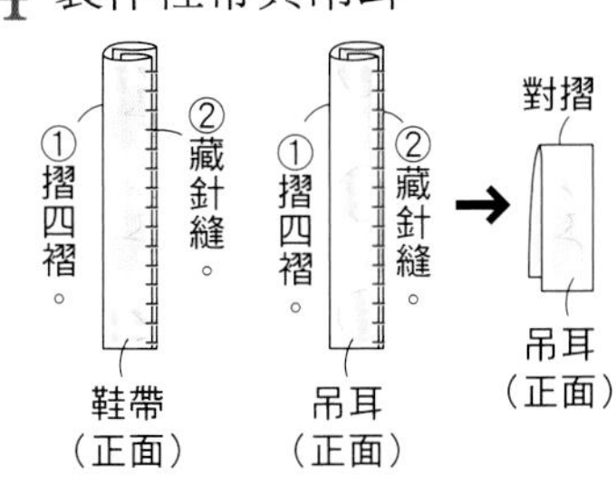

5 縫上鞋帶與吊耳

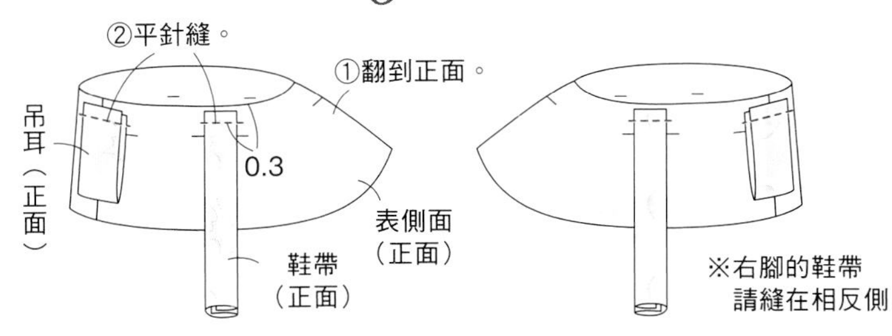

6 縫合外本體與內本體

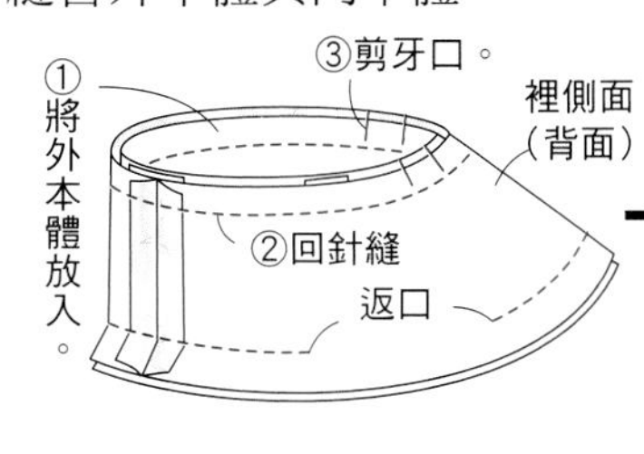

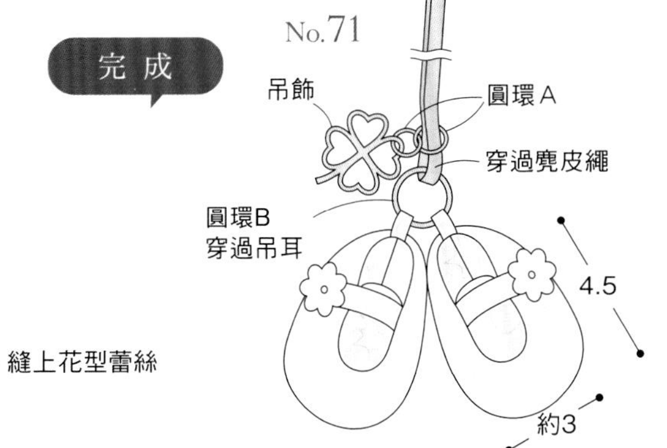

7 將鞋帶固定於相反側，並縫上花型蕾絲

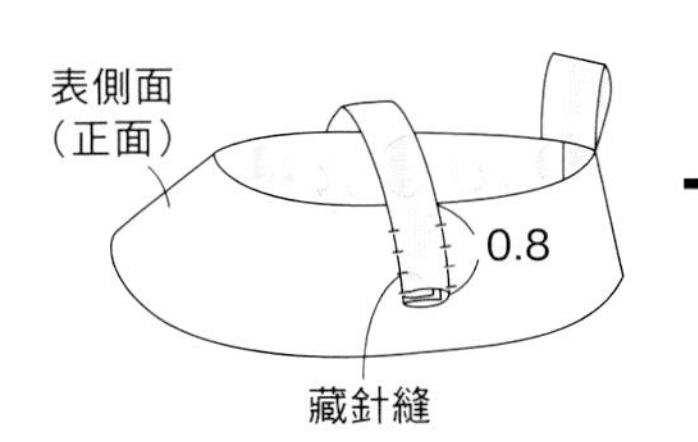

表側面（正面）

縫上花型蕾絲

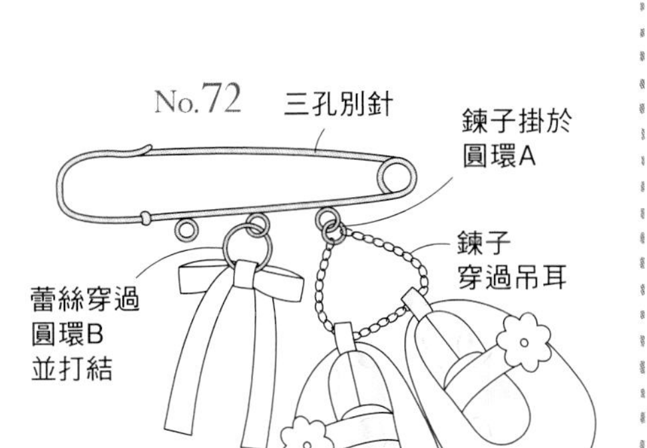

原寸紙型

※除了指定處之外，裁剪時皆需多加○內數字的縫份

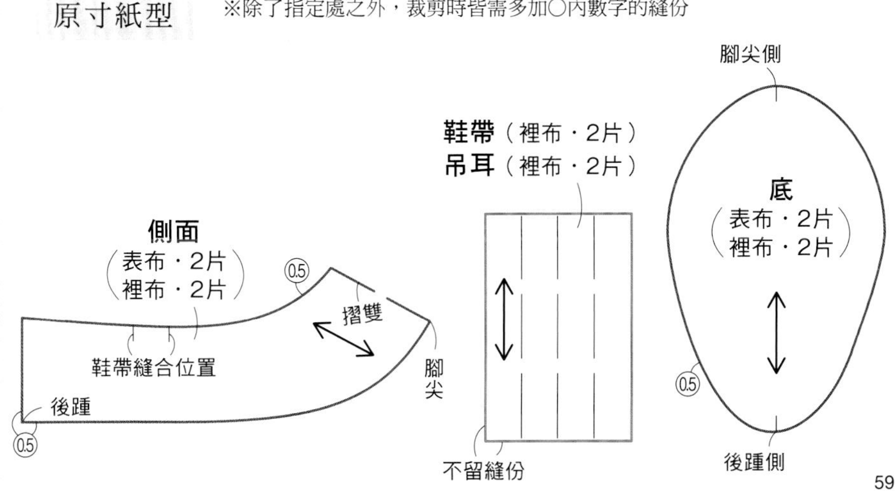

P.26 73至75 相機型收納包

◆原寸紙型請見P.61

◆73至75（1個的用量）

a布（73＝素色亞麻布・米色、74＝格紋棉布、75＝素色亞麻布・淺紅色）…20cm×19cm
b布（73＝格紋棉布、74＝印花棉布、75＝多色大格紋棉布）…15cm×12cm
c布（73＝直條紋棉布、74、75＝格紋棉布）…9cm×5cm
d布（素色棉布・73＝綠色、74＝白色、75＝深藍色）…13cm×5cm
e布（印花棉布）…25cm×17cm
厚布襯…4cm×4cm
拉鍊（15cm）…1條
D型環（1.5cm）…2個
皮繩（寬0.5cm）…1.2m
手工藝用棉花…少許

作法 ※單位＝cm

1 對齊並縫合表側面A、B、C

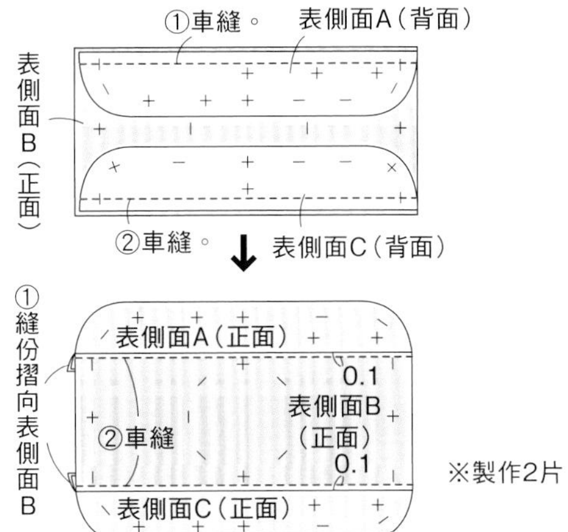

2 製作吊耳

3 製作鏡頭

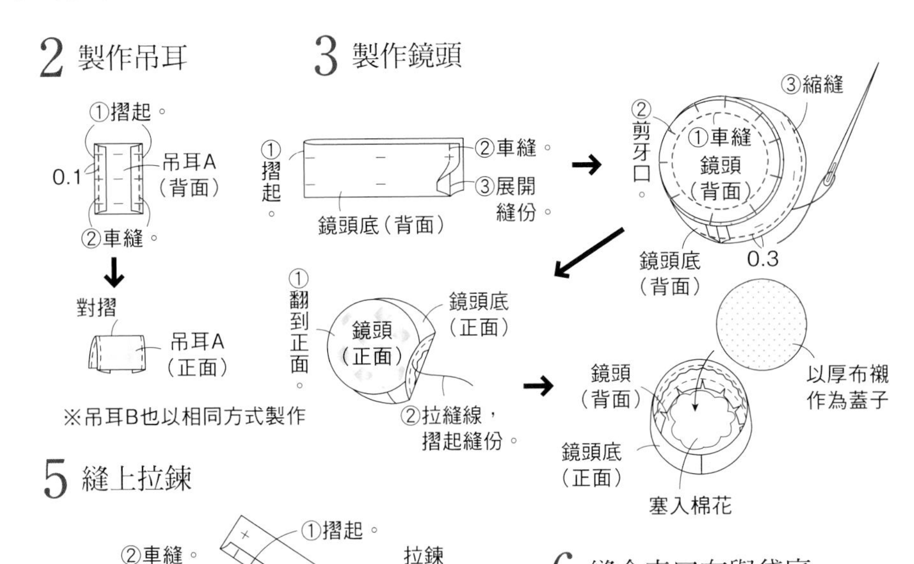

4 在前表側面縫上鏡頭、觀景窗、吊耳A

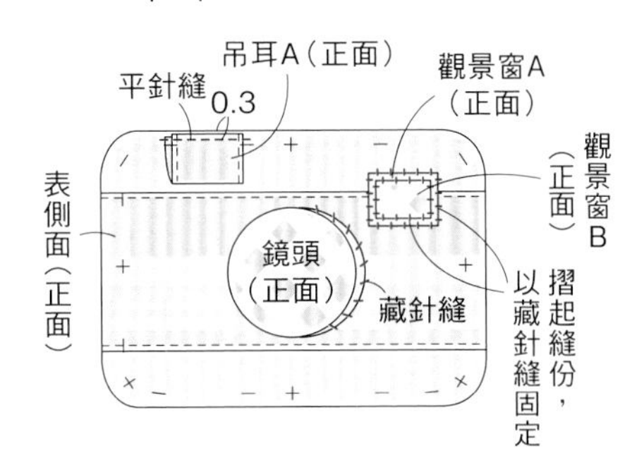

5 縫上拉鍊

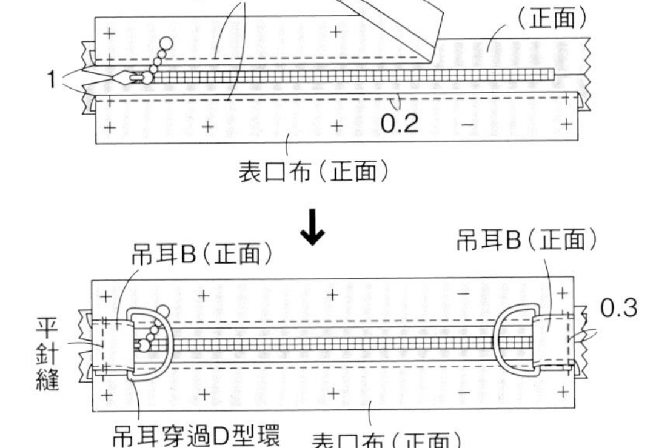

6 縫合表口布與袋底

表口布（背面）
表袋底（正面）
車縫

7 縫合口布、袋底與表側面

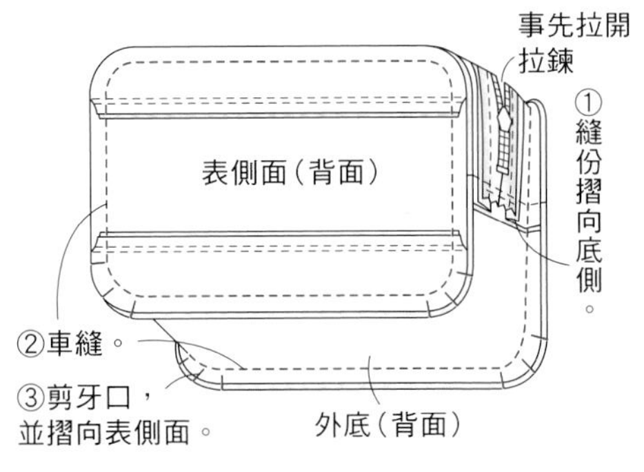

8 製作內本體

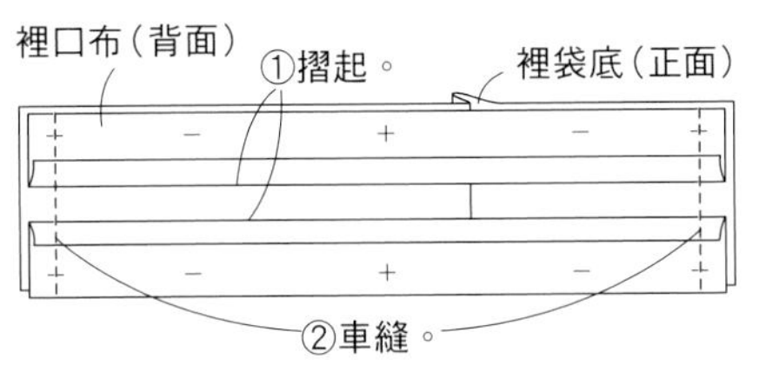

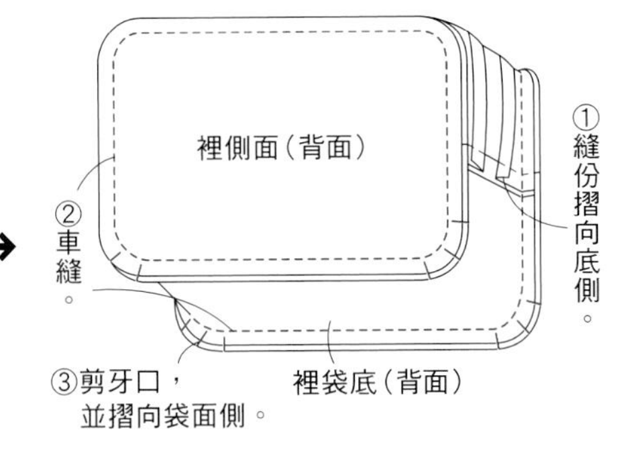

9 結合表本體與裡本體

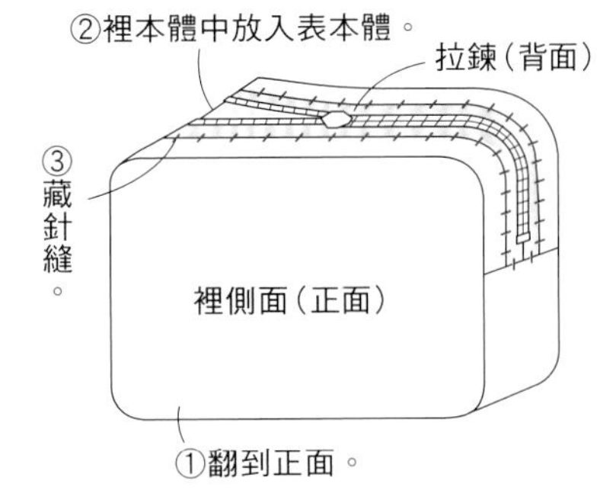

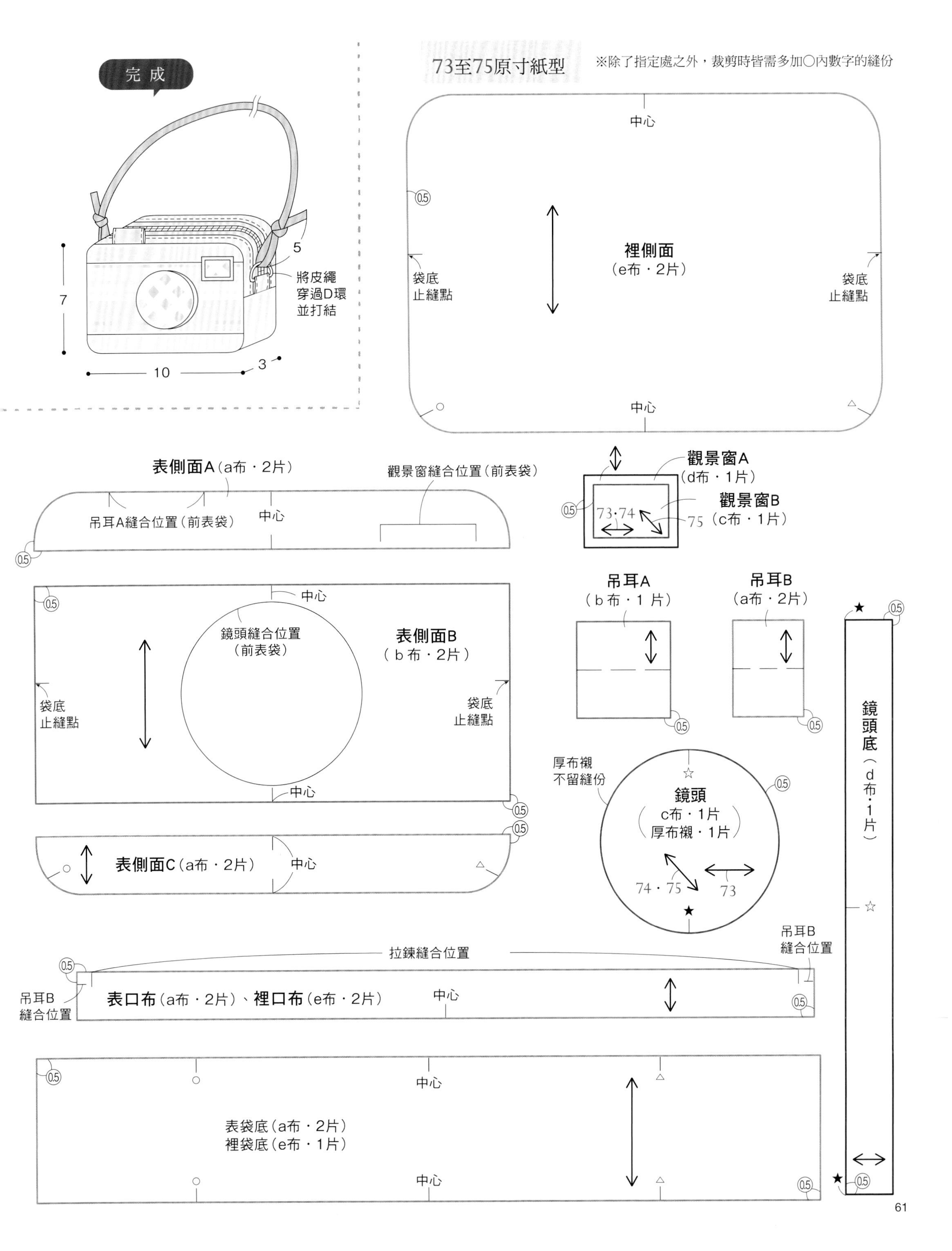

完成
7
10
3
5
將皮繩
穿過D環
並打結
73至75原寸紙型
※除了指定處之外，裁剪時皆需多加○內數字的縫份
中心
0.5
裡側面
（e布・2片）
袋底
止縫點
袋底
止縫點
中心
表側面A（a布・2片）
觀景窗縫合位置（前表袋）
吊耳A縫合位置（前表袋）
中心
0.5
觀景窗A
（d布・1片）
觀景窗B
（c布・1片）
73・74
75
0.5
中心
鏡頭縫合位置
（前表袋）
表側面B
（b布・2片）
袋底
止縫點
袋底
止縫點
中心
0.5
吊耳A
（b布・1片）
吊耳B
（a布・2片）
0.5
鏡頭底
（d布・1片）
厚布襯
不留縫份
鏡頭
（c布・1片
厚布襯・1片）
74・75
73
表側面C（a布・2片）
中心
0.5
拉鍊縫合位置
吊耳B
縫合位置
吊耳B
縫合位置
表口布（a布・2片）、裡口布（e布・2片）
中心
0.5
中心
表袋底（a布・2片）
裡袋底（e布・1片）
中心
0.5

P.27 76 袖珍布書

◆材料（1個的用量）

a布（印花棉布、格紋棉布、條紋棉布等）…16cm×5cm
b布（胚布）…13cm×11cm
c布（素色棉布、印花棉布、格紋棉布、點點棉布等）
…3cm×6cm
厚布襯…7cm×4cm
麻織帶（寬0.4cm）…2cm
織帶（寬0.5cm・有英文字）…1.5cm
圓環（0.7cm）…1個
附問號鉤手機吊繩…1個
手工藝用接著劑

作法 ※單位＝cm

1 在封面貼上厚布襯，並縫上書背

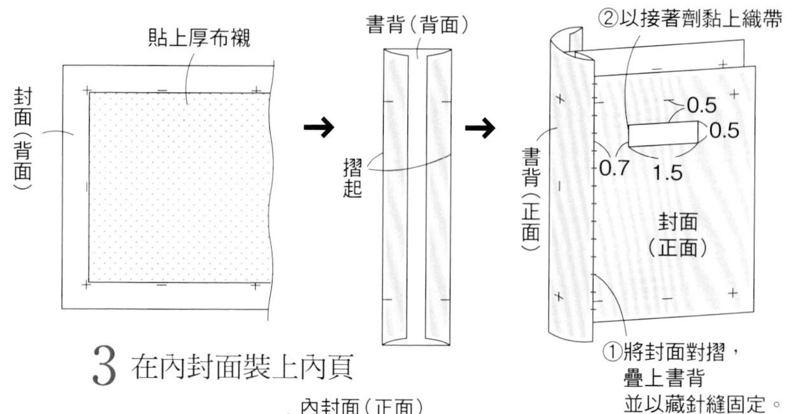

2 摺起封面縫份，以藏針縫固定並縫上吊耳

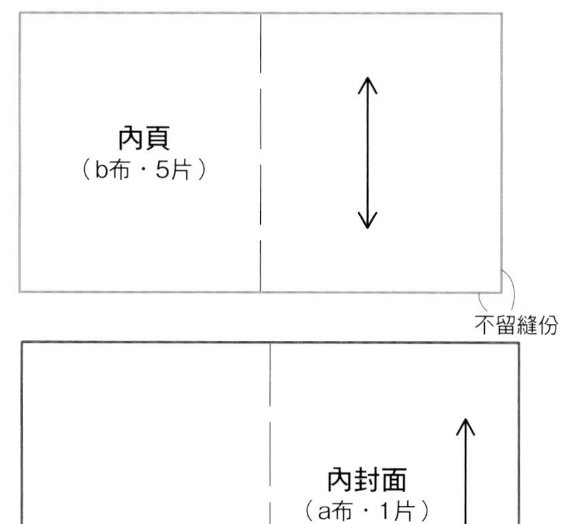

3 在內封面裝上內頁

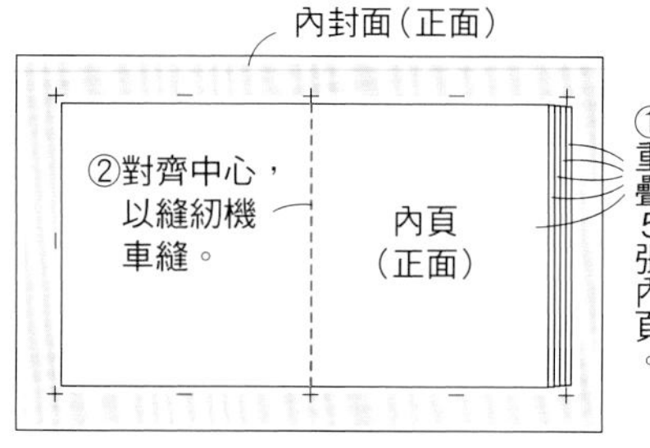
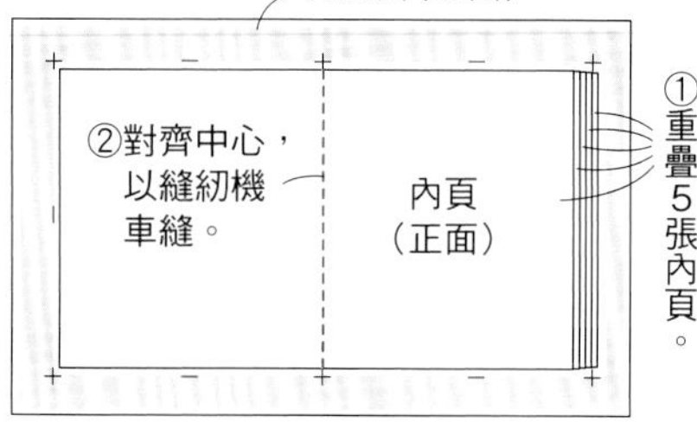

4 結合封面與內封面

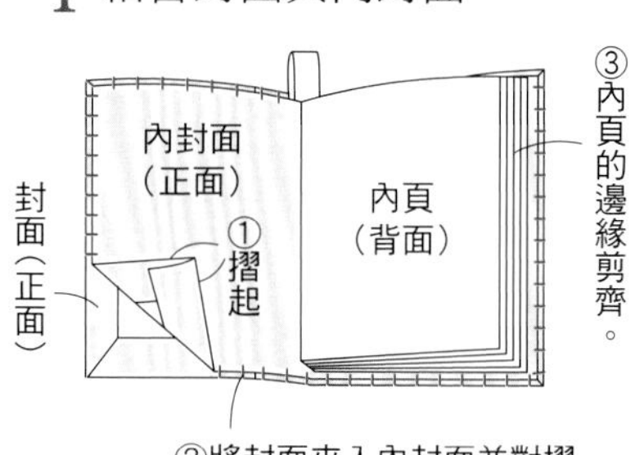

完成

原寸紙型

※除了指定處之外，裁剪時皆需多加○內數字的縫份

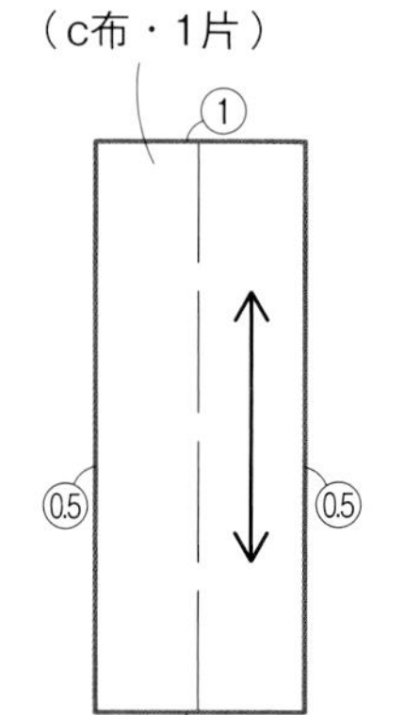

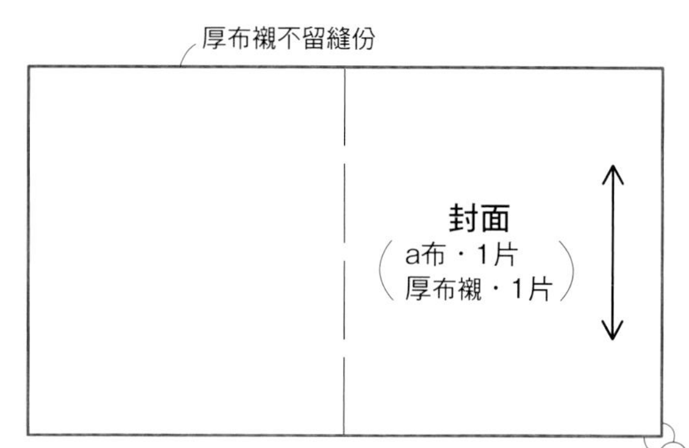

P.28 77至80 迷你收納籃

◆77至80（1個的用量）

a布（帆布）…6cm×8cm

b布（格紋平織棉布）…8cm×9cm

c布（英文字棉布）…2cm×2cm

手工藝用接著劑

P.29 81 小桶子

◆材料（1個的用量）

a布（帆布、花朵亞麻布等）…6cm×8cm

b布（直條紋棉布、點點棉布、花朵棉布等）…10cm×1cm

皮繩（寬0.3cm）…6.5cm

皮革…2cm×1cm

印章

手工藝用接著劑

77至80 ※單位＝cm

1 縫合脇邊線

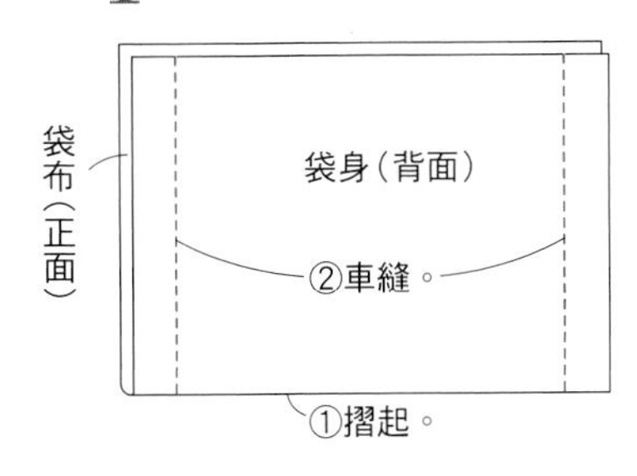

2 縫合袋底

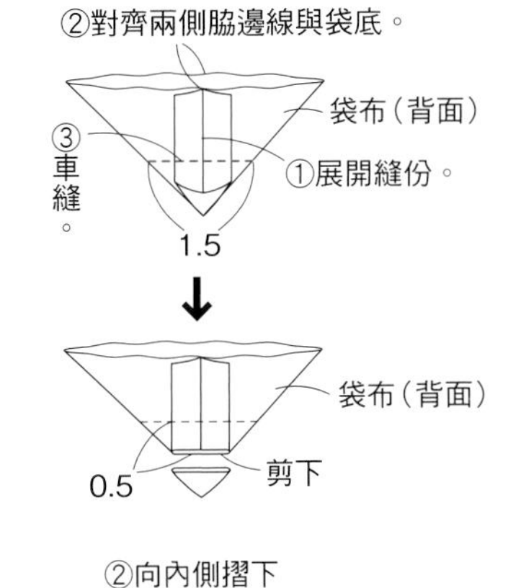

3 縫上口布

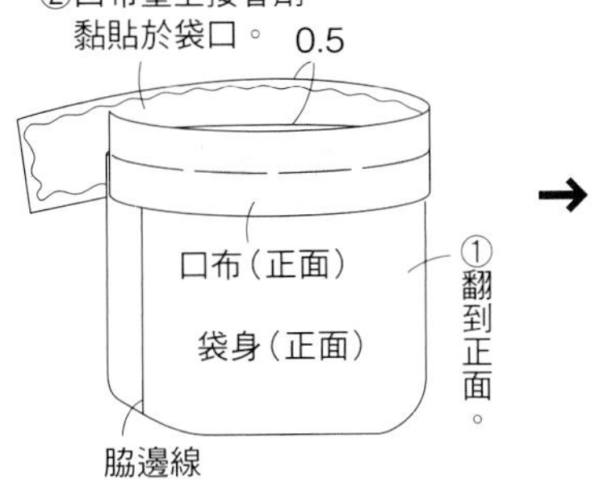

②向內側摺下
並黏貼。

①重疊口布。

口布（正面）

0.5

袋身（正面）

完成

No.77至80

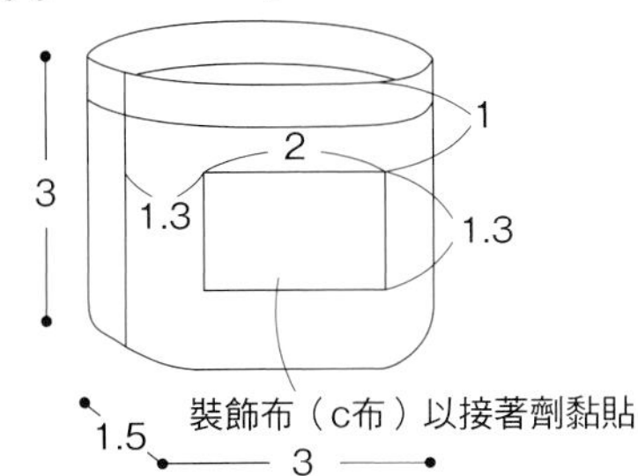

81 ※單位＝cm

※作法1至3請參照上圖

4 黏上提把

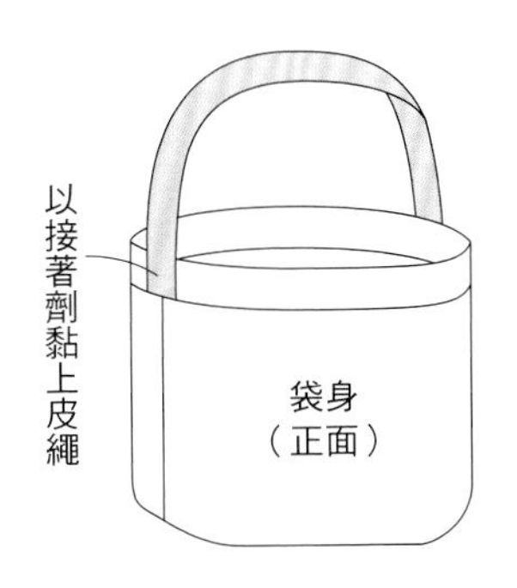

完成

No.81

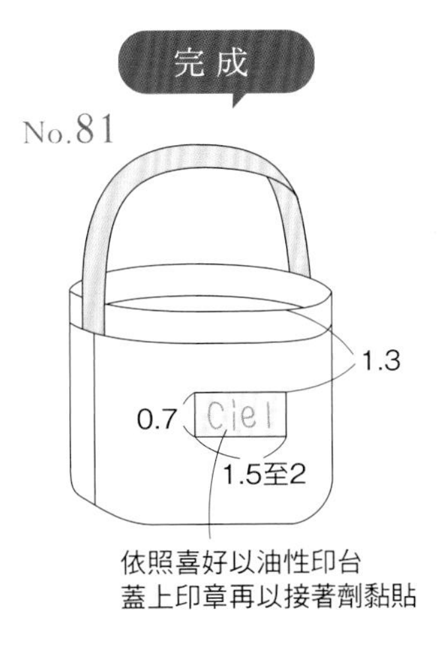

77至81原寸紙型

※除了指定處之外，裁剪時皆需多加○內數字的縫份

口布（b布・1片）

81

77至80

不留縫份

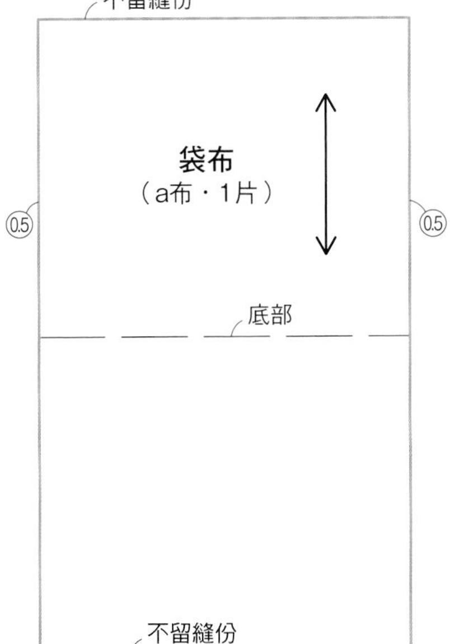

基礎作法

※本書中原寸紙型不含縫份，請依照標示加上縫份再裁布。
※由於零件尺寸很小，作法圖片中縫合指示標明「車縫」處，若車縫困難的話請改用手縫。

原寸紙型的描繪方式與裁剪方式

1 以描圖紙或可透光薄紙描繪本書中原寸紙型並剪下，使用影印機印下也OK。

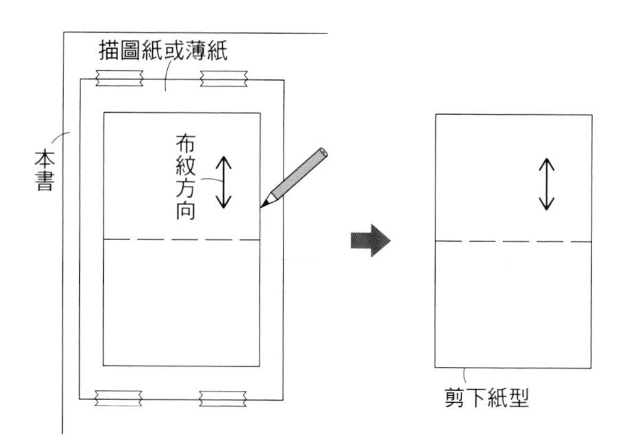

2 在布的背面放上版型，以粉土筆畫出完成線。

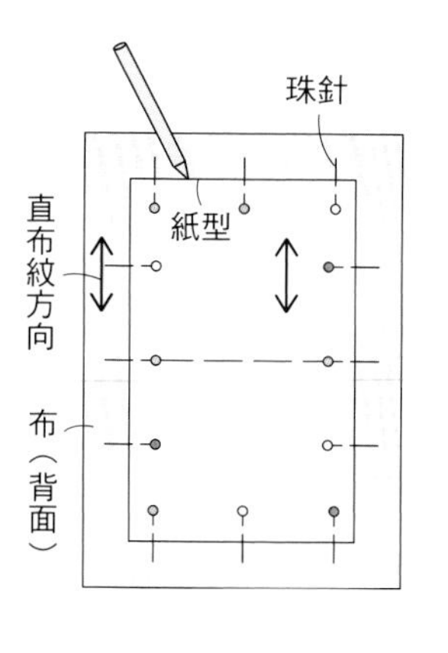

3 再加上標示的縫份後裁下。

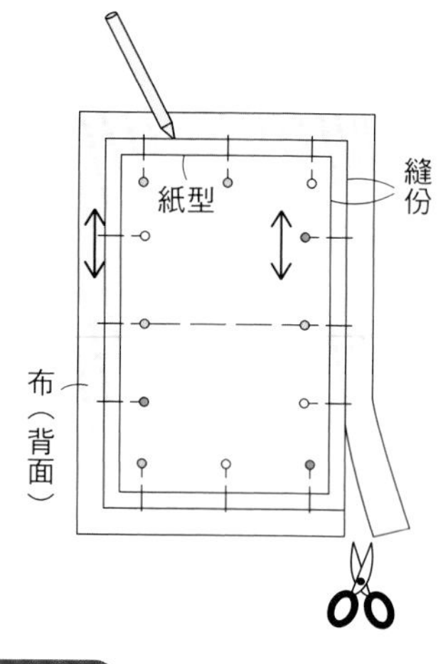

有標示「摺雙」的紙型

以「摺雙」線為中心線把紙型翻到背面，畫上記號成為一個展開的版型。

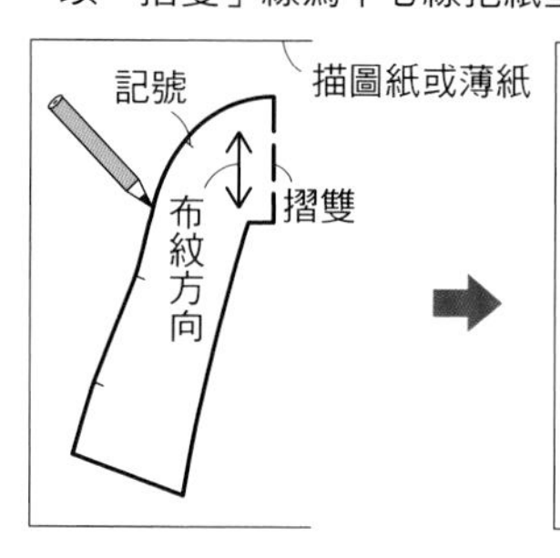

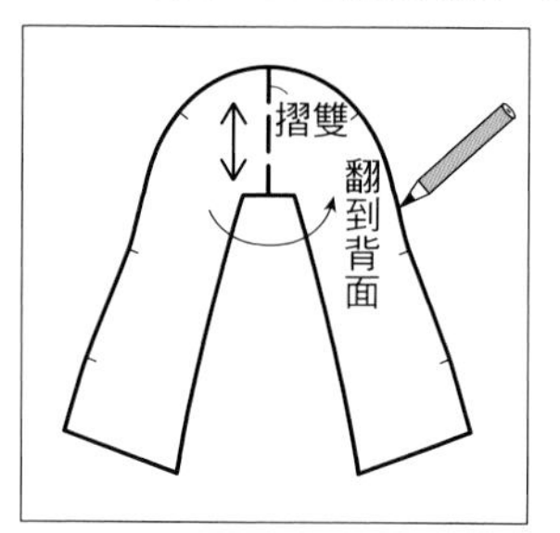

紙型記號

完成線	標記線（用於摺線等地方）	摺雙記號	山線摺線
————	————	— — —	— — —
布紋方向	暗釦・鈕釦	摺子摺法的表示	
⟷	＋	b a ➡ b a	

※布紋方向…直布紋與箭頭方向相同

手縫基礎

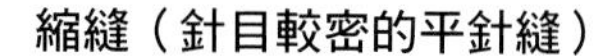

縮縫（針目較密的平針縫）

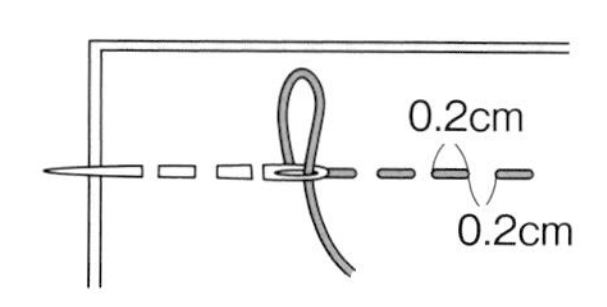

平針縫

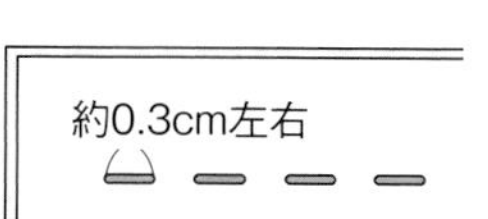

挑縫

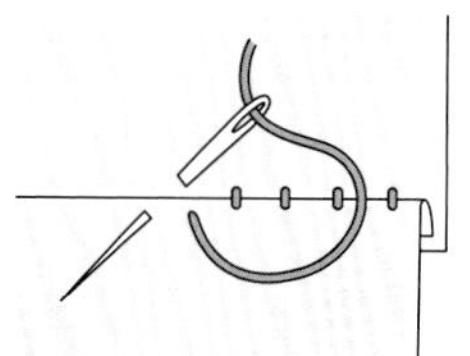

藏針縫

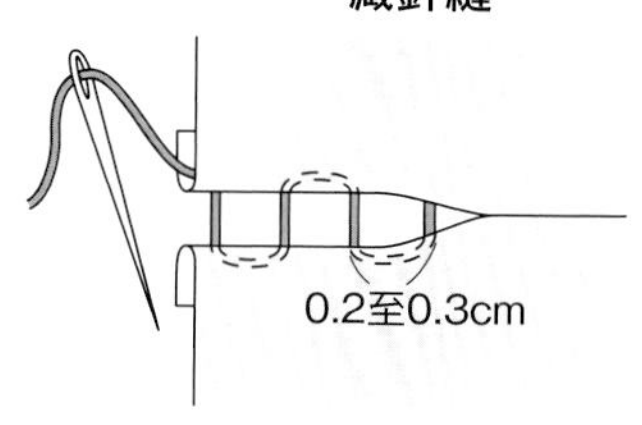

回針縫

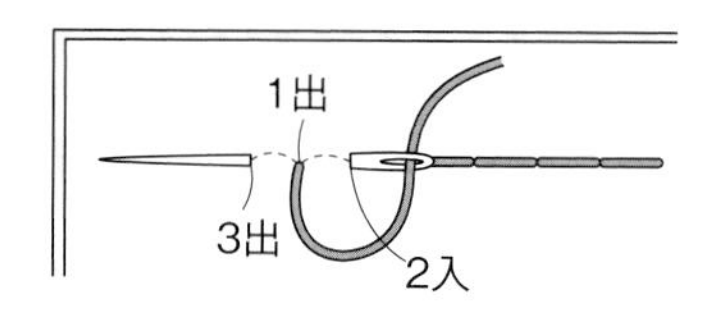

車縫的方式與重點

在車縫起始與結束都必需回針，在同一條線上回針2至3次。

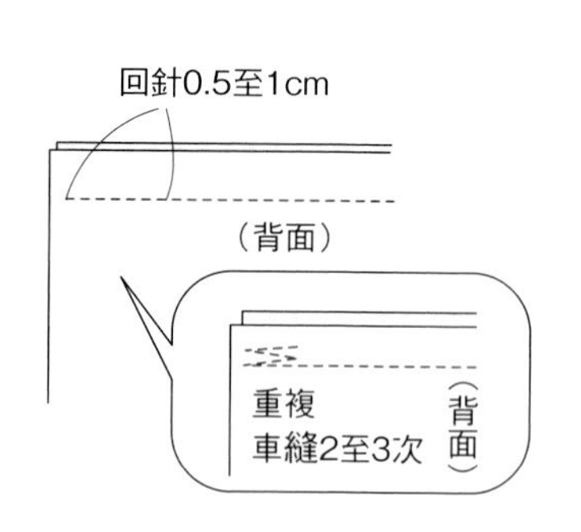

輕・布作 22

零碼布裝可愛！
超可愛小布包×雜貨飾品×布小物——最實用手作提案CUTE.90（暢銷版）

作　　者／BOUTIQUE-SHA
譯　　者／周欣芃
發 行 人／詹慶和
總 編 輯／蔡麗玲
執行編輯／黃璟安・陳姿伶
編　　輯／蔡毓玲・劉蕙寧・李宛真・陳昕儀
執行美編／周盈汝・韓欣恬
美術編輯／陳麗娜
內頁排版／造極
出 版 者／Elegant-Boutique新手作
發 行 者／悅智文化事業有限公司　郵政劃撥帳號／19452608
戶　　名／悅智文化事業有限公司
地　　址／新北市板橋區板新路206號3樓
網　　址／www.elegantbooks.com.tw
電子郵件／elegant.books@msa.hinet.net　電　話／(02)8952-4078
傳　　真／(02)8952-4084

2019年3月二版一刷　定價280元

Lady Boutique Series　No.3675
Miniature Komono to Chiisana Pouch

經銷／易可數位行銷股份有限公司
地址／新北市新店區寶橋路235巷6弄3號5樓
電話／(02)8911-0825　傳真／(02)8911-0801

國家圖書館出版品預行編目(CIP)資料

零碼布裝可愛!超可愛小布包x雜貨飾品x布小物：最實用手作提案CUTE.90 / Boutique-sha著；周欣芃譯. -- 二版. -- 新北市：新手作出版：悅智文化發行, 2019.03
面；　公分. -- (輕.布作；22)
ISBN 978-986-97138-6-3(平裝)

1.手工藝

426.7　　108001832

日文原書團隊 Staff
編輯／井上真実、小堺久美子
攝影／久保田あかね
編排設計／小池佳代（regia）
插圖／小崎珠美

攝影協力／
AWABEES
UTUWA

作品設計・製作／
◆猪俣友紀 http://yunyuns.exblog.jp/
◆中山佳苗 http://blog.goo.ne.jp/hanaday
◆高城祐子
http://ameblo.jp/hiyohana-handmade/
◆nikomaki*(柏谷真紀)
http://nikomaki123.jugem.jp/
◆Happy Mini(西口聖子)
http://happymini4.blog40.fc2.com/
◆ciel* http://cielhandmade.blog.fc2.com/
◆minekko

3
DÉCORER

Small &
Cute

Small &
Cute